Activity Book Series

Logic Puzzles

for Adults & Seniors

500 Hard Puzzles (Sudoku, Shikaka, Masyu, Kuromasu, Jigsaw Sudoku, Slitherlink, Suguru, Skyscrapers, Numbrix, Binary, Minesweeper and Futoshiki)

Keep Your Brain Young

Vol. 4

Khalid Alzamili, Ph.D.

All rights reserved. No part of this book may be reproduced or used in any form without the express written permission of the author.

A Special Request

Your brief Amazon review could really help us.

Thank you for your support

Printed in the United States of America

First Edition: December 2019

Copyright © 2019 Dr. Khalid Alzamili

ISBN: 9781670545138

Imprint: Independently published

Author Email : khalid@alzamili.com

Logic Puzzles for Adults & Seniors

INTRODUCTION

Playing logic puzzle is not just a fun way to pass the time, due to its logical elements it has been found as a proven method of exercising and stimulating portions of your brain, training it even, if you will and just like training any other muscle regularly you can expect to see an improvement in cognitive functions. Some studies go as far as indicating regular puzzles can even help reduce the risk of Alzheimer's and other health problems in later life.

Completing logic puzzle regularly helps the brain process both problem solving and improves logical thought process with the use of deductive reasoning, which can also be applied to approaching real life challenges in a different manner.

Playing logic puzzle on a daily basis helps to keep an active mind and players often see improvements in their overall concentration.

1- SUDOKU

(Puzzles from 1 to 48)

The highly popular puzzle game Sudoku takes its name from the Japanese language translating from the words 'Su' meaning 'number' and 'Doku' meaning 'single'. Despite its name indicating a Japanese heritage, Leonard Euler; a renowned 18th-century mathematician from Switzerland was and is generally accredited with its creation.

The objective of Sudoku is to fill every row, column and box (3x3grid) with numbers 1-9 and each row, column, and box must have each number exactly once.

4	7	8	5	1	6	3	2	9
5	9	3	2	8	7	6	1	4
1	2	6	3	9	4	7	8	5
2	1	9	6	5	3	4	7	8
6	8	7	9	4	2	5	3	1
3	5	4	1	7	8	2	9	6
7	4	2	8	6	9	1	5	3
8	3	5	4	2	1	9	6	7
9	6	1	7	3	5	8	4	2

Row

4	7	8	5	1	6	3	2	9
5	9	3	2	8	7	6	1	4
1	2	6	3	9	4	7	8	5
2	1	9	6	5	3	4	7	8
6	8	7	9	4	2	5	3	1
3	5	4	1	7	8	2	9	6
7	4	2	8	6	9	1	5	3
8	3	5	4	2	1	9	6	7
9	6	1	7	3	5	8	4	2

Column

4	7	8	5	1	6	3	2	9
5	9	3	2	8	7	6	1	4
1	2	6	3	9	4	7	8	5
2	1	9	6	5	3	4	7	8
6	8	7	9	4	2	5	3	1
3	5	4	1	7	8	2	9	6
7	4	2	8	6	9	1	5	3
8	3	5	4	2	1	9	6	7
9	6	1	7	3	5	8	4	2

Box

2- SHIKAKU

(Puzzles from 49 to 96)

Shikaku (also known as "Divide by Box", "Number Area", "Divide by Squares") is a logic puzzle with simple rules and challenging solutions. It is played on a rectangular grid. Some of the cells in the grid are numbered.

The rules of Shikaku are simple: divide the grid into rectangular and square pieces such that each piece contains exactly one number, and that number represents the area of the rectangle.

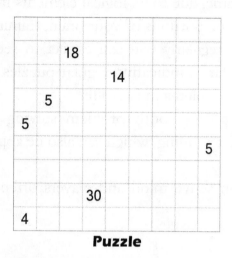
Puzzle

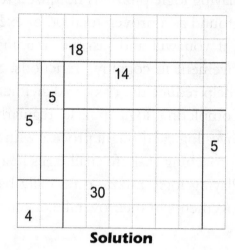
Solution

3- MASYU

(Puzzles from 97 to 132)

Masyu is a logic puzzle with simple rules and challenging solutions. It is played on a rectangular grid of squares, some of which contain circles; each circle is either "white" (empty) or "black" (filled).

The rules of Masyu are simple:

1- Draw a single, non-intersecting loop with lines passing through the centers of cells, horizontally or vertically. The loop never crosses itself, branches off, or goes through the same cell twice.

2- The loop must go straight through the cells with white circles, with a turn in at least one of the cells immediately before/after each white circle.

3- The loop passing through black circles must make a right-angled turn in its cell, then it must go straight through the next cell (till the middle of the second cell) on both sides.

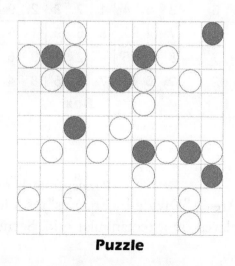
Puzzle

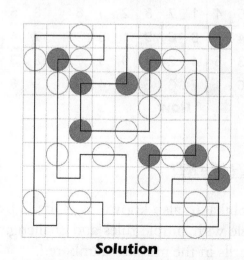
Solution

4- KUROMASU

(Puzzles from 133 to 164)

Kuromasu (also known as "Kurodoko") is a logic puzzle with simple rules and challenging solutions. It is played on a rectangular grid. Some of these cells have numbers in them. Each cell may be either black or white. The object is to determine what type each cell is.

The rules of Kuromasu are simple:

1- Each number on the board represents the number of white cells that can be seen from that cell, including itself. A cell can be seen from another cell if they are in the same row or column, and there are no black cells between them in that row or column.
2- No two black cells may be horizontally or vertically adjacent.
3- Numbered cells may not be black.
4- All the white cells must be connected horizontally or vertically.

Puzzle   **Solution**

5- JIGSAW SUDOKU

(Puzzles from 165 to 212)

The objective of Jigsaw Sudoku ("Geometry Sudoku", "Geometry Number Place", "Irregular Sudoku", "Kikagaku Nanpure") is to fill every row, column and sub-region with numbers 1-9 and each row, column, and sub-region must have each number exactly once.

Row   **Column**   **Sub-region**

Logic Puzzles for Adults & Seniors

6- SLITHERLINK

(Puzzles from 213 to 248)

Slitherlink (also known as "Fences", "Loop the Loop", "Ouroboros", "Dotty Dilemma", "Sli-Lin", "Great Wall of China", "Takegaki") is a logic puzzle with simple rules and challenging solutions. Slitherlink is played on a rectangular lattice of dots. Some of the squares formed by the dots have numbers inside them.

The rules of Slitherlink are simple:
1- Connect horizontally and vertically adjacent dots so that the lines form a single loop with no loose ends.
2- The number inside a square represents how many of its four sides are segments in the loop.

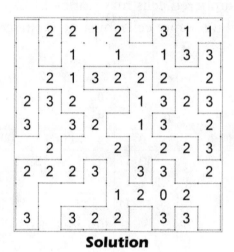

Puzzle   **Solution**

7- SUGURU

(Puzzles from 249 to 296)

Suguru ("Number Blocks") is a logic puzzle with simple rules and challenging solutions. The task consists of a rectangular or square grid divided into regions.

The rules of Number Blocks are simple, each region must be filled with each of the digits from 1 to the number of cells in the region. Cells with the same digits must not be orthogonally or diagonally adjacent.

Puzzle   **Solution**

8- SKYSCRAPERS

(Puzzles from 297 to 336)

Skyscrapers is a logic puzzle with simple rules and challenging solutions. It is consists of a square grid with some exterior 'skyscraper' clues.

The rules of Skyscrapers are simple:
1- Complete the grid such that every row and column contains the numbers 1 to 9.
2- No number may appear twice in any row or column.
3- The clues around the grid tell you how many skyscrapers you can see. They indicate the number of buildings which you would see from that direction.

	2	3	2	1	3	3	4	4	4	
2		7		9		1		6		3
2			9		8			3		3
1			6				7			2
3		8		2	6		1			3
4	2		1	5		8		4		3
4		4			1		2	8	9	1
2		9			4	7				5
5	1		2					9		2
4	4			3		6				3
	3	3	2	4	2	4	1	2	3	

Puzzle

	2	3	2	1	3	3	4	4	4	
2	8	7	3	9	2	1	5	6	4	3
2	7	2	9	1	8	5	4	3	6	3
1	9	1	6	4	3	2	7	5	8	2
3	3	8	4	2	6	9	1	7	5	3
4	2	3	1	5	9	8	6	4	7	3
4	5	4	7	6	1	3	2	8	9	1
2	6	9	5	8	4	7	3	1	2	5
5	1	6	2	7	5	4	8	9	3	2
4	4	5	8	3	7	6	9	2	1	3
	3	3	2	4	2	4	1	2	3	

Solution

9- NUMBRIX

(Puzzles from 337 to 384)

Numbrix is a logic puzzle with simple rules and challenging solutions. It is played on a rectangular grid of squares. Some of the cells have numbers in them.

The rules of Numbrix are simple: fill in the missing numbers, in sequential order, going horizontally and vertically only. Diagonal paths are not allowed.

81	80	1			6			11
			67			8		12
	76			65	64			13
			59			62	15	
		71	58		56			17
				54		24		
		44			36			19
48		42						28
47					32	31	30	29

Puzzle

81	80	1	2	3	6	7	10	11
78	79	68	67	4	5	8	9	12
77	76	69	66	65	64	63	14	13
74	75	70	59	60	61	62	15	16
73	72	71	58	57	56	23	22	17
50	51	52	53	54	55	24	21	18
49	44	43	38	37	36	25	20	19
48	45	42	39	34	35	26	27	28
47	46	41	40	33	32	31	30	29

Solution

10- BINARY PUZZLE

(Puzzles from 385 to 420)

Binary Puzzle (also known as "Binairo", "Takuzu", "Tohu wa Vohu") is a logic puzzle with simple rules and challenging solutions. It is played on a rectangular or square grid.

The rules of Binary Puzzle are simple:
1- Fill in the grid with digits "0" and "1"
2- There are as many digits "1" as digits "0" in every row and every column (or one more for odd sized grids).
3- No more than two cells in a row can contain the same number.
4- Each row is unique, and each column is unique.

Puzzle

	0	0			1				
			1	1				1	
	0	1			1	1			
	0	0							
						0	1		
0		1		0		1	0		
			1				0		
	1		0					0	
	0	1						1	
	1				0		0		

Solution

1	1	0	0	1	0	1	0	1	0
0	1	0	0	1	1	0	1	0	1
0	0	1	1	0	1	1	0	1	0
1	0	0	1	0	0	1	0	1	1
0	1	1	0	1	1	0	1	0	0
0	0	1	0	0	1	1	0	1	1
1	0	0	1	1	0	0	1	0	1
0	1	1	0	0	1	0	1	1	0
1	0	1	1	0	0	1	0	0	1
1	1	0	1	1	0	0	1	0	0

11- MINESWEEPER

(Puzzles from 421 to 468)

Minesweeper is a logic puzzle with simple rules and challenging solutions. It is well-known by the game in Microsoft Windows.

The rules of Minesweeper are simple, place mines into empty cells in the grid. The digits in the grid represent the number of mines in the neighboring cells, including diagonal ones.

Puzzle

1	3		4	3	2	2			1
					3		4		
3		4		3				3	
	3				2				2
3				3		4		3	
3			2					2	1
			2			2			2
2		5			1				
2					3		3		
	2	2			3			2	

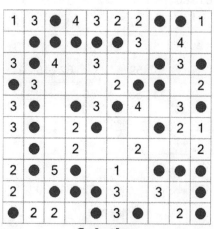

Solution

12- FUTOSHIKI

(Puzzles from 469 to 500)

Futoshiki (also known as "Unequal") is a logical puzzle with simple rules and challenging solutions. The puzzle is played on a square grid, such as 9 x 9.

The rules of Futoshiki are simple:
1. Place the numbers 1 to 9 into each row and column of the puzzle so that no number is repeated in a row or column.
2. Inequality constraints are initially specified between some of the squares, such that one must be higher or lower than its neighbor. These constraints must be honored in order to complete the puzzle.

Puzzle

Solution

This Hard Logic Puzzles book is packed with the following features:

- 500 Hard Logic Puzzles (48 Sudoku, 48 Shikaka, 36 Masyu, 32 Kuromasu, 48 Jigsaw Sudoku, 36 Slitherlink, 48 Suguru, 40 Skyscrapers, 48 Numbrix, 36 Binary, 48 Minesweeper and 32 Futoshiki).
- Answers to every puzzle are provided.
- Each puzzle is guaranteed to have only one solution.

We hope this will be an entertaining and uplifting mental workout, enjoy Logic Puzzles for Adults & Seniors Book.

Khalid Alzamili, Ph.D.

Logic Puzzles for Adults & Seniors

Sudoku (1)

	7				3			
4	3				9	8	1	
		5	3				4	9
	5	1		3				8
				5				
2	4			6				
	9	4	7	1	3			
1			2					5
8								

Sudoku (2)

	6	8		7				2
4			6				1	8
1								
	5		3				1	2
						9		
		7	4	1			9	3
	3			9	6		8	
1	4		5		8		6	

Sudoku (3)

1		4				6		
	8			6			2	5
3	6			8				9
	1	8		5		3		
					8		2	
			9	3				
2				9	1			
					2			
9			1	6		5	4	

Sudoku (4)

7			9	8	1	3		
9						4		
5		2						7
		6	8					1
		4		7				
	5	1		9				6
	3							9
3	8					2	1	
1		4	8					

Solution on Page (10)

Logic Puzzles for Adults & Seniors

Sudoku (5)

		5	4	6	3	7		
8	9				3		4	
			3	5				
		4	6		7	8		1
			2		8		7	
		9	1					
				4			8	3
4		8	9				1	2

Sudoku (6)

	9		1					
2		4		6				
3	1			9				
9					4	7	5	
4				3				9
6	3		5		1		4	
	7	2						5
			4	8			1	
				5	7			6

Sudoku (7)

	4			2			5	
7								
2		5	4					8
9	8				5			4
3		7	8	4		2		1
		2				3		
			5				1	9
8	9			1		2		
	2		9			7		

Sudoku (8)

2	1					8	4	9
	7	9	2					
6	4	5						
5			6	2			9	7
9			3	1	7		8	4
			5	9				
								5
						3	7	6
		6	1		4			

Solution on Page (11)

Logic Puzzles for Adults & Seniors

Sudoku (9)

	8		7	1	5			
	9			4		1		6
1		2			8			
	2		9					1
		5			6			
	7			1		3		8
8		6	7	5				
		9	3			4	6	
2				6				

Sudoku (10)

3						7		
		8				9	3	
	1	4					9	8
9			7	4			8	3
7			8		3	2		
				5			4	7
5					7		9	
1				6			4	
		2						

Sudoku (11)

	5	7	1	4				
	6	1			5			2
		9		6				
7	4		6	5				1
	1	5		2				6
					1	4	8	5
5		6				9		
			7			5		3
					4			7

Sudoku (12)

						8	7	3
7		3			6	1		
2		8	5				6	
				2			9	
6	9	2					8	
8					5			
3						7		8
9			1					3
1		7	3				9	2

Solution on Page (12)

Puzzle (1)

9	7	8	1	2	4	3	5	6
4	3	2	5	6	9	8	1	7
6	1	5	3	8	7	2	4	9
7	5	1	4	3	2	9	6	8
3	8	6	9	5	1	7	2	4
2	4	9	8	7	6	5	3	1
5	9	4	7	1	3	6	8	2
1	6	3	2	9	8	4	7	5
8	2	7	6	4	5	1	9	3

Puzzle (2)

5	9	6	8	1	7	3	4	2
4	2	3	6	5	9	7	1	8
8	1	7	4	2	3	6	5	9
9	5	8	3	7	4	1	2	6
3	6	4	1	8	2	9	7	5
2	7	1	9	6	5	8	3	4
6	8	2	7	4	1	5	9	3
7	3	5	2	9	6	4	8	1
1	4	9	5	3	8	2	6	7

Puzzle (3)

1	2	4	9	5	7	3	6	8
7	8	9	3	1	6	4	2	5
3	6	5	2	4	8	7	1	9
6	7	1	8	2	5	9	3	4
4	9	3	6	7	1	8	5	2
8	5	2	4	9	3	6	7	1
2	4	7	5	3	9	1	8	6
5	1	6	7	8	4	2	9	3
9	3	8	1	6	2	5	4	7

Puzzle (4)

7	2	6	4	9	8	1	3	5
9	8	1	7	3	5	6	4	2
5	4	3	2	6	1	9	8	7
4	7	9	6	8	2	3	5	1
6	1	2	5	4	3	7	9	8
8	3	5	1	7	9	4	2	6
2	5	7	3	1	4	8	6	9
3	6	8	9	5	7	2	1	4
1	9	4	8	2	6	5	7	3

Logic Puzzles for Adults & Seniors

Sudoku (13)

	2				1	9		
				6				3
	7			1		6		
		8	4		9		7	2
		7			2			
				5		6		
8		6	3			2		
	9		1				8	6
	1				4		3	

Sudoku (14)

2	5						7	3
		6				9	5	
3								
	1	5	6		7			
7				9		5		
	8	9		5			1	
			7				8	4
				2	4			
9	7	4	8			3		1

Sudoku (15)

	3	2	9	5				
2				4				
	4			3	5			
		8			6			
9	8		4		2	7		
	3					2		
4		6	3		7			5
					6		1	
7		2	5			6		

Sudoku (16)

	5		6					
		3				6		
		1	8			5		9
5	2			4		8		
		7					4	1
8					2		6	
		2		5				
9	4				6		3	2
6				4				

Solution on Page (13)

Puzzle (5)

7	4	3	8	2	9	1	5	6
2	1	5	4	6	3	7	9	8
8	9	6	7	1	5	3	2	4
6	8	7	3	5	1	2	4	9
5	2	4	6	9	7	8	3	1
9	3	1	2	4	8	6	7	5
3	5	9	1	8	2	4	6	7
1	6	2	5	7	4	9	8	3
4	7	8	9	3	6	5	1	2

Puzzle (6)

7	9	8	1	4	5	6	3	2
2	5	4	8	6	3	9	7	1
3	1	6	2	7	9	5	8	4
9	8	1	6	2	4	7	5	3
4	2	5	7	3	8	1	6	9
6	3	7	5	9	1	2	4	8
8	7	2	3	1	6	4	9	5
5	6	9	4	8	2	3	1	7
1	4	3	9	5	7	8	2	6

Puzzle (7)

1	4	9	6	2	8	3	5	7
7	6	8	1	3	5	9	4	2
2	3	5	4	9	7	1	6	8
9	8	6	2	1	3	5	7	4
3	5	7	8	4	6	2	9	1
4	1	2	7	5	9	8	3	6
6	7	3	5	8	2	4	1	9
8	9	4	3	7	1	6	2	5
5	2	1	9	6	4	7	8	3

Puzzle (8)

3	2	1	5	7	6	8	4	9
8	7	9	2	4	3	6	5	1
6	4	5	9	8	1	7	3	2
5	8	3	6	2	4	1	9	7
9	6	2	3	1	7	5	8	4
4	1	7	8	5	9	2	6	3
2	3	4	7	6	8	9	1	5
1	5	8	4	9	2	3	7	6
7	9	6	1	3	5	4	2	8

Sudoku (17)

				2				
8				2				
			4		9	8	2	
	2		3				4	1
		7		8		3		
9			5			7		
3						6	5	
		8	9					6
	5			3	1	9		7
				4				

Sudoku (18)

				7	2			6
8					7		4	
				8				2
2			4	8	5		1	6
								5
4	7	5					3	8
		4	5				6	3
7						6	2	
			9	6		4		

Sudoku (19)

				4	2			5
			3			7		
	3				2			
	8	6	5			1		
	4		2	1				
			4	8			3	2
4		9				5		7
		7	6				9	
			7			6		1

Sudoku (20)

					4			
5	4					1	9	6
				6		5	8	
	6			5				8
8						6		
	1		8	7		9		
	7		6			5	8	
6		1	4			2		
4	5				1			2

Solution on Page (14)

Logic Puzzles for Adults & Seniors

Sudoku (21)

		7		2	5			6
6		8						2
								4
			5	1		2		
	5	2	8		4			3
	9			7			8	
	8	1						
	3		2					
		5	9				4	

Sudoku (22)

		4						
8	3			1				
		5		9	6	3		4
	4	2			6			
		6	5				2	
	1			2		6		4
	7						8	6
				9	4		7	5
1		9		7			3	

Sudoku (23)

4		8						
	9		3	6	2	7		
				9	3	8		
			2				6	
	3	4		9			2	7
2			4			8	1	9
9		8		2				6
		6						
			6	8			4	

Sudoku (24)

1	7		5		4		3	
5	9			2	1			
2								
	6			5		4	7	
7	8	4					9	2
				1		7		2
				4	2			
8	4				5	6	1	

Solution on Page (15)

Puzzle (13)

6	2	3	5	7	8	1	9	4
5	8	1	9	4	6	7	2	3
9	7	4	2	1	3	8	6	5
1	5	8	4	6	9	3	7	2
4	6	7	8	3	2	9	5	1
2	3	9	7	5	1	6	4	8
8	4	6	3	9	5	2	1	7
3	9	5	1	2	7	4	8	6
7	1	2	6	8	4	5	3	9

Puzzle (14)

2	5	8	9	4	6	1	7	3
1	4	6	3	7	8	9	5	2
3	9	7	5	1	2	8	4	6
4	1	5	6	8	7	2	3	9
7	3	2	4	9	1	5	6	8
6	8	9	2	5	3	4	1	7
5	2	1	7	3	9	6	8	4
8	6	3	1	2	4	7	9	5
9	7	4	8	6	5	3	2	1

Puzzle (15)

8	6	3	2	9	5	1	7	4
2	7	5	1	4	8	9	3	6
1	4	9	6	7	3	5	8	2
5	2	7	8	3	9	6	4	1
9	8	1	4	6	2	7	5	3
6	3	4	7	5	1	2	9	8
4	9	6	3	1	7	8	2	5
3	5	8	9	2	6	4	1	7
7	1	2	5	8	4	3	6	9

Puzzle (16)

2	5	9	6	1	4	3	7	8
7	8	3	2	9	5	6	1	4
4	6	1	8	7	3	5	2	9
5	2	6	1	4	7	8	9	3
3	9	7	5	8	6	2	4	1
8	1	4	9	3	2	7	6	5
1	7	2	3	5	9	4	8	6
9	4	5	7	6	8	1	3	2
6	3	8	4	2	1	9	5	7

Logic Puzzles for Adults & Seniors

Sudoku (25)

8				2		5		
	9	6				4		
				9	1	6		
		2				3		
					5	8	6	
3		1		7			4	
4	7	3						
	2	5						3
				2	8	1		

Sudoku (26)

	6		4					8
	4		5					
			7				9	4
3	6				4		2	
	2	5	1	7		6	4	
		4		9			8	5
						8		
1		2	9			8	5	
4							1	

Sudoku (27)

			2		9			
	8		5	1				7
		6	8			4		
5		2			1		3	
9		8					1	
	6	1	3		8		9	
		3		6	2		4	
2								
6				3				1

Sudoku (28)

9		6			3	2		
	1	3	7					
2							1	
	9			7			6	8
						9		
1					5		2	
5	3	4	2				9	6
				9			5	4
	6	9	4					2

Solution on Page (16)

Puzzle (17)

8	4	3	1	2	7	6	5	9
1	7	5	4	6	9	8	2	3
6	2	9	3	5	8	7	4	1
5	1	7	6	8	2	3	9	4
9	6	4	5	1	3	2	7	8
3	8	2	7	9	4	1	6	5
2	3	8	9	7	5	4	1	6
4	5	6	2	3	1	9	8	7
7	9	1	8	4	6	5	3	2

Puzzle (18)

5	4	7	2	1	9	8	3	6
8	1	2	6	7	3	4	5	9
9	6	3	8	5	4	7	1	2
2	3	9	4	8	5	1	6	7
6	8	1	3	2	7	9	4	5
4	7	5	9	6	1	3	2	8
1	2	4	5	9	8	6	7	3
7	5	8	1	3	6	2	9	4
3	9	6	7	4	2	5	8	1

Puzzle (19)

8	7	1	9	4	2	3	6	5
5	9	2	3	6	1	7	4	8
6	3	4	8	7	5	2	1	9
2	8	6	5	3	9	1	7	4
9	4	3	2	1	7	8	5	6
7	1	5	4	8	6	9	3	2
4	6	9	1	2	3	5	8	7
1	2	7	6	5	8	4	9	3
3	5	8	7	9	4	6	2	1

Puzzle (20)

9	8	6	5	1	4	2	7	3
5	4	7	3	2	8	1	9	6
1	2	3	9	6	7	5	8	4
7	6	2	1	5	9	4	3	8
8	9	5	2	4	3	6	1	7
3	1	4	8	7	6	9	2	5
2	7	9	6	3	5	8	4	1
6	3	1	4	8	2	7	5	9
4	5	8	7	9	1	3	6	2

Logic Puzzles for Adults & Seniors

Sudoku (29)

5							1	
		7		1	3			
		3				7	2	
2		9		6	5	8		
		3		2		5		
	1							
	4		2	9				
9							8	
		8		7	2	3		

Sudoku (30)

				6		3		
9			2		8			1
	8	1		5				
	9	2				1	8	6
					6		4	
		6		9			1	5
		8	3			1		4
				7			9	
2								

Sudoku (31)

	4	7		5		3		
	1		7	9				
3					1			
		5					7	3
			4		8			
6				8			4	9
			1				9	4
	5							
	9		8	5	7	3	2	

Sudoku (32)

				5	2			
						4		
	8	6	4				5	
2	7					9		
	1				8	6		5
3				2			8	
	9	1				2		3
5	3	4		7	1	8		9
8			3			5		

Solution on Page (17)

Puzzle (21)

3	4	7	1	2	5	8	9	6
6	1	8	7	4	9	5	3	2
5	2	9	3	6	8	7	1	4
8	6	4	5	1	3	2	7	9
7	5	2	8	9	4	1	6	3
1	9	3	6	7	2	4	8	5
9	8	1	4	5	6	3	2	7
4	3	6	2	8	7	9	5	1
2	7	5	9	3	1	6	4	8

Puzzle (22)

9	6	4	7	5	8	2	1	3
8	3	7	4	1	2	5	6	9
2	5	1	9	6	3	7	4	8
5	4	2	1	8	6	3	9	7
3	9	6	5	4	7	8	2	1
7	1	8	3	2	9	6	5	4
4	7	5	2	3	1	9	8	6
6	2	3	8	9	4	1	7	5
1	8	9	6	7	5	4	3	2

Puzzle (23)

4	7	3	8	1	2	6	9	5
8	9	1	5	3	6	2	7	4
5	6	2	7	4	9	3	8	1
1	8	9	2	7	5	4	6	3
6	3	4	1	9	8	5	2	7
2	5	7	4	6	3	8	1	9
9	4	8	3	2	1	7	5	6
7	2	6	9	5	4	1	3	8
3	1	5	6	8	7	9	4	2

Puzzle (24)

1	7	6	5	8	4	2	3	9
5	9	3	7	2	1	8	6	4
4	2	8	6	3	9	1	5	7
2	5	1	4	9	7	3	8	6
3	6	9	2	5	8	4	7	1
7	8	4	1	6	3	9	2	5
9	3	5	8	1	6	7	4	2
6	1	7	3	4	2	5	9	8
8	4	2	9	7	5	6	1	3

Sudoku (33)

						6		
	4				3		9	5
7			8	6	4			
2				8				3
		6	9	4	7		2	
	9			2				
			6	9		1		
		1		3		2		
			5					4

Sudoku (34)

				8				3
				5	9	4		
		4		3			5	8	1
4	8		6				2	
1		3		4			8	6
		9						
	7				2	3		8
5								4
8				6		9		

Sudoku (35)

	1		9	6				
	8	5				3		
			3	5				
1				4		8	7	
4		3	6		7	9		
	9		8		5	2		
	1	7						
			2			7		
2	5				8		1	

Sudoku (36)

2							8	5
		8	6			4		
	7		8					
							9	5
9	8		4	5		6		2
4							7	
		2	7	3			8	1
	3	9						
7				4				

Solution on Page (18)

Logic Puzzles for Adults & Seniors

Sudoku (37)

4			2	8		9		
9		2			6			
	3			5	7		6	
			4		9	1		
1						8		6
6			8				4	
	1	5			2	4		
	9							1
		4						3

Sudoku (38)

	3	2	4		8			
		1			8		2	
9				5				
8			1	4			3	
					6	1		
		9						6
			9	2				
1	6							7
			1		3		8	5

Sudoku (39)

	7		6	2				
				9		1		
8					4	7		
	3		9	8				1
	9	4	3					8
	7	8	5	4		3		9
			6	9	5			4
			7			1		
	8							

Sudoku (40)

	3					1	4	
6								
			7		8		3	
	1	8	6	2		4		
						5		1
		2			4			
		1			2			4
	3		5			6	7	8
8			3					9

Solution on Page (19)

Puzzle (29)

5	2	4	7	3	9	8	6	1
8	6	7	5	2	1	3	9	4
1	9	3	6	8	4	5	7	2
2	7	9	4	6	5	1	8	3
4	8	6	3	1	2	9	5	7
3	1	5	9	7	8	4	2	6
7	4	8	2	9	3	6	1	5
9	3	2	1	5	6	7	4	8
6	5	1	8	4	7	2	3	9

Puzzle (30)

2	5	7	6	1	4	3	8	9
9	6	4	2	3	8	5	7	1
3	8	1	9	5	7	4	2	6
7	9	2	5	4	1	8	6	3
8	1	5	7	6	3	9	4	2
4	3	6	8	9	2	7	1	5
6	7	8	3	2	9	1	5	4
5	4	3	1	7	6	2	9	8
1	2	9	4	8	5	6	3	7

Puzzle (31)

8	4	7	6	1	5	9	3	2
5	1	2	7	3	9	4	6	8
3	6	9	2	4	8	1	5	7
4	8	5	9	2	1	6	7	3
9	2	3	4	7	6	8	1	5
6	7	1	5	8	3	2	4	9
7	3	8	1	6	2	5	9	4
2	5	6	3	9	4	7	8	1
1	9	4	8	5	7	3	2	6

Puzzle (32)

9	4	3	6	5	2	7	1	8
7	5	2	1	8	3	4	9	6
1	8	6	4	9	7	3	5	2
2	7	8	5	1	6	9	3	4
4	1	9	7	3	8	6	2	5
3	6	5	9	2	4	1	8	7
6	9	1	8	4	5	2	7	3
5	3	4	2	7	1	8	6	9
8	2	7	3	6	9	5	4	1

Sudoku (41)

		2					3	9
9	4			7	5			
		3				4		
				5	2	6		
	5	8			3		2	7
	7	6		9				5
				6	9			
3	6							
		7		8	5			

Sudoku (42)

			8	7				
		6						3
		9				8	5	
9	8							
1		3	9					6
		2	5	8				3
			1	9	3		4	7
8			2	7		1		
7								5

Sudoku (43)

			5	6		3		
6			1	8	3			
8		3		4				
	7			5	1			
2	9		3		5			4
				1				7
			7	3				
3		2				6		
		1				2		

Sudoku (44)

		3		9	8		7	
8			5	7				
		5					2	4
		8	9		2	5		
1	6	4	7	3				
5	3				6	7		
		1						
			3			2		
	9	8				4		

Solution on Page (20)

Puzzle (33)

8	1	3	2	5	9	4	6	7
6	4	2	7	1	3	8	9	5
7	5	9	8	6	4	3	1	2
2	7	5	1	8	6	9	4	3
3	8	6	9	4	7	5	2	1
1	9	4	3	2	5	7	8	6
4	3	7	6	9	2	1	5	8
5	6	1	4	3	8	2	7	9
9	2	8	5	7	1	6	3	4

Puzzle (34)

6	5	1	8	2	4	7	3	9
3	7	8	1	5	9	4	2	6
2	4	9	3	7	6	5	8	1
4	8	5	6	3	1	2	9	7
1	9	3	4	2	7	8	6	5
7	2	6	9	8	5	1	4	3
9	6	7	2	1	3	5	8	4
5	3	2	7	9	8	6	1	4
8	1	4	5	6	3	9	7	2

Puzzle (35)

5	3	1	4	9	6	8	7	2
6	4	8	5	7	2	1	3	9
9	7	2	1	8	3	5	6	4
1	2	5	9	3	4	6	8	7
4	8	3	6	2	7	9	5	1
7	9	6	8	1	5	2	4	3
8	1	7	3	6	9	4	2	5
3	6	4	2	5	1	7	9	8
2	5	9	7	4	8	3	1	6

Puzzle (36)

2	6	4	1	7	3	8	5	9
3	9	8	6	2	5	4	1	7
5	7	1	8	9	4	2	6	3
1	2	6	3	8	7	9	4	5
9	8	7	4	5	1	6	3	2
4	5	3	9	6	2	1	7	8
6	4	2	7	3	9	5	8	1
8	3	9	5	1	6	7	2	4
7	1	5	2	4	8	3	9	6

Logic Puzzles for Adults & Seniors

Sudoku (45)

		2		4	1			8
4					7	6	1	
1	3	5			8			2
2					9	8		
		1	4	7				
		3		5			7	1
	2						8	
							5	
8			6			4	2	

Sudoku (46)

			4					3
1	2		7		3		6	
	3			5		1		
		3		7			1	2
	1			4				6
6				2		9		
7	4		5					
	8	1	2	7				
5				3	1	6		

Sudoku (47)

9			2		1	7		
		3	7	9				
	7		5					9
	5		4		8	3	2	
				7		4		
3				2				
			8	5			1	
8	9			3		5		7
	2	6						

Sudoku (48)

					5		7	6
	4	5	7		8			1
6				3	1			
5								7
	6			8				
8			2				9	
						6	4	2
	8							
2		6				4	3	5

Solution on Page (21)

Logic Puzzles for Adults & Seniors

Shikaka (49)

		7			2	3		
				3			3	
	3		10		4		12	
4		3						
	12							
	6	6						
			4			4		
7				4	2			
		6	6		3	6		
		3						
	4			2		3		
2		5				5		

Shikaka (50)

	3				8		4
14							
3	6				12		
		3					2
			6		3		
6	3						
		12					
4	6				8	11	
	3	6					4
3	2	3					2
3		4					

Shikaka (51)

			15				
	15					3	
3							
	10			32	2		
	2						
8	8		4				
	5	6					
						4	
	3	3					
	2	2	3			2	
2		4	3		3		

Shikaka (52)

2							
4	18				3		
					6	3	
	3	2	3		4		
3				4			
	3		3	8	2		
12		10					
4	3		3				
		5	4		4		
3	3	3	3	4			
	6		6				

Solution on Page (22)

Puzzle (41)

7	8	2	5	4	6	1	3	9
6	9	4	1	3	7	5	8	2
5	1	3	9	2	8	7	4	6
4	3	1	7	5	2	6	9	8
9	5	8	6	1	3	4	2	7
2	7	6	8	9	4	3	1	5
8	4	5	3	6	9	2	7	1
3	6	9	2	7	1	8	5	4
1	2	7	4	8	5	9	6	3

Puzzle (42)

3	4	8	7	5	2	6	9	1
5	6	7	4	1	9	2	3	8
2	9	1	6	3	8	5	7	4
9	8	6	3	4	1	7	5	2
1	5	3	9	2	7	4	8	6
4	7	2	5	8	6	1	2	3
6	2	5	1	9	3	8	4	7
8	3	4	2	7	5	1	6	9
7	1	9	8	6	4	3	2	5

Puzzle (43)

1	2	9	5	6	7	3	4	8
6	4	7	1	8	3	9	5	2
8	5	3	2	4	9	6	7	1
4	7	8	9	2	5	1	3	6
2	9	1	3	7	6	5	8	4
5	3	6	8	1	4	2	9	7
9	6	4	7	3	2	8	1	5
3	8	2	4	5	1	7	6	9
7	1	5	6	9	8	4	2	3

Puzzle (44)

4	1	3	2	9	8	6	7	5
8	2	6	5	7	4	9	3	1
9	7	5	1	6	3	8	2	4
7	8	9	4	2	5	1	6	3
1	6	4	7	3	9	5	8	2
5	3	2	8	1	6	7	4	9
2	4	1	9	8	7	3	5	6
6	5	7	3	4	1	2	9	8
3	9	8	6	5	2	4	1	7

Logic Puzzles for Adults & Seniors

Shikaka (53)

		5		3		4		
					16	8		
			6					
	2					24		
7				4				
		4						
		4	10		8	6		3	3	3
	2							
	2	3				3		2	
3				4			5	

Shikaka (54)

2	2		14					
					9		6	
		12			8			5
				21				
						10		
							5	
		12	4			6		
	2	2		3			4	6
	2		5					4

Shikaka (55)

		7					5	
22								
						16		
4							4	
			4	10				
		4				4		
4		5		2		6		
	4		3		4		2	
	2		2		4			
	2	4		4	4			
	2		2	6				2

Shikaka (56)

			3			5		
								2
	8	3		4				
		6				5		
24				10	12		4	4
						2		
							3	
					6			4
6		6		3				
		12						
4					5		3	

Solution on Page (23)

Puzzle (45)

7	6	2	5	4	1	3	9	8
4	9	8	3	2	7	6	1	5
1	3	5	9	6	8	7	4	2
2	5	7	1	3	9	8	6	4
6	8	1	4	7	2	5	3	9
9	4	3	8	5	6	2	7	1
5	2	4	7	9	3	1	8	6
3	1	6	2	8	4	9	5	7
8	7	9	6	1	5	4	2	3

Puzzle (46)

9	6	4	8	1	2	7	5	3
1	2	5	7	9	3	4	6	8
8	3	7	6	5	4	1	2	9
4	5	9	3	6	7	8	1	2
2	1	8	9	4	5	3	7	6
6	7	3	1	2	8	9	4	5
7	4	6	5	8	9	2	3	1
3	8	1	2	7	6	5	9	4
5	9	2	4	3	1	6	8	7

Puzzle (47)

9	8	5	2	6	1	7	3	4
2	6	3	7	9	4	8	5	1
1	7	4	5	8	3	2	6	9
7	5	9	4	1	8	3	2	6
6	1	2	3	7	5	4	9	8
3	4	8	9	2	6	1	7	5
4	3	7	8	5	9	6	1	2
8	9	1	6	3	2	5	4	7
5	2	6	1	4	7	9	8	3

Puzzle (48)

1	3	8	4	2	5	9	7	6
9	4	5	7	6	8	2	3	1
6	7	2	9	3	1	8	5	4
5	2	9	6	4	3	1	8	7
3	6	7	1	8	9	5	4	2
8	1	4	2	5	7	6	9	3
7	5	1	3	9	6	4	2	8
4	8	3	5	1	2	7	6	9
2	9	6	8	7	4	3	1	5

Logic Puzzles for Adults & Seniors

Shikaka (57)

Shikaka (58)

Shikaka (59)

Shikaka (60)

Solution on Page (24)

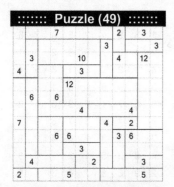
Puzzle (49)

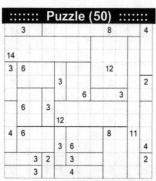
Puzzle (50)

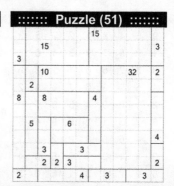
Puzzle (51)

Puzzle (52)

Logic Puzzles for Adults & Seniors

Shikaka (61)

Shikaka (62)

Shikaka (63)

Shikaka (64)

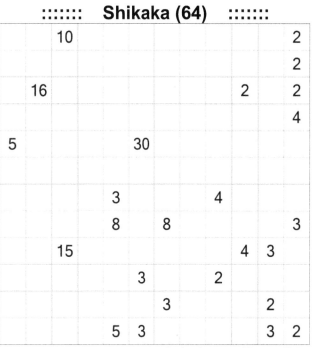

Solution on Page (25)

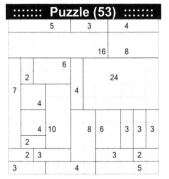

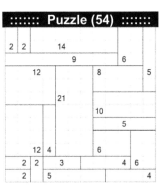

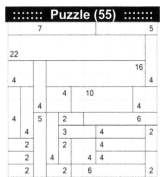

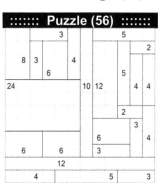

Logic Puzzles for Adults & Seniors

Shikaka (65)

3			2		4			
		3	4			2			
3				2				8	
		3	2	2			9		
		3		4	4		12		
		10					6		
			6						
							10		
				12					
8		4							
		3		3			3		
				9					

Shikaka (66)

				3			5		
3									
9					20		6		
								3	
							8		
6		6	2			3			3	
2	3			2		3			
			3	3		4			
			6		15			4	
4				4					
				8		6			

Shikaka (67)

			8		2			2	
		8			4		3		
	24					2			
					4		6		
3		3							
						4	3		
		6			15				
3				5		3			
				12					
2	3			4		2		2	
		3			4	2		2	

Shikaka (68)

3		3			2			
							12		
			15				6		
10			3					
5			6					11	
							3		
16				2			3		
			6		5			6	
					3				
4	2	2				8			
				4		4			

Solution on Page (26)

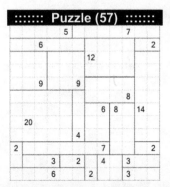

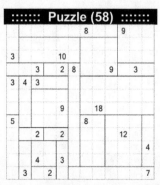

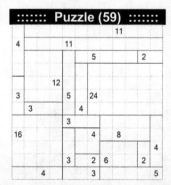

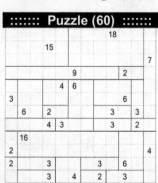

Logic Puzzles for Adults & Seniors

Shikaka (69)

						2
6						6
7	6	14				
				4		
				2	2	
			32		2	
	2				2	
2		3			2	
		16				
4	4	8			3	6
				7	2	

Shikaka (70)

			12			
2		18				2
					2	2
4	8		2		5	
			3	6		
	3	6			6	
					5	
			12	4		
	9		6			7
	3	8				
4			3			2

Shikaka (71)

2	2	4	6			
	10	9		6		
		6				2
	4					
2				14		
2				5		
	6		3			
		3			4	
		4		12	4	
	6					
	2		3	5		
6	2	3			5	2

Shikaka (72)

6		9				2
	20			12		5
			12	6		
			8	2	2	2
		4				
4		6	8		2	
	3					6
				3	4	
2		3			3	
	4			4	2	

Solution on Page (27)

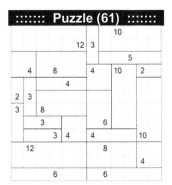

Puzzle (61)

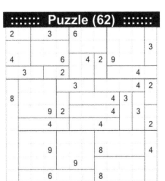

Puzzle (62)

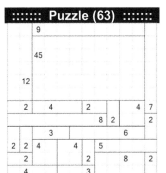

Puzzle (63)

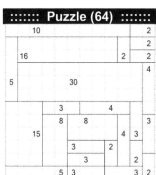

Puzzle (64)

Logic Puzzles for Adults & Seniors

Shikaka (73)

Shikaka (74)

Shikaka (75)

Shikaka (76)

Solution on Page (28)

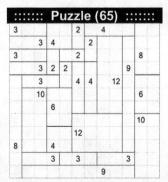
Puzzle (65)

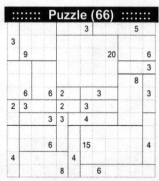
Puzzle (66)

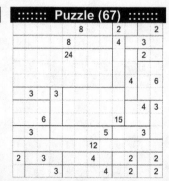
Puzzle (67)

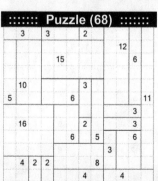
Puzzle (68)

Logic Puzzles for Adults & Seniors

Shikaka (77)

Shikaka (78)

Shikaka (79)

Shikaka (80)

Solution on Page (29)

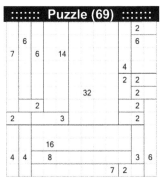
Puzzle (69)

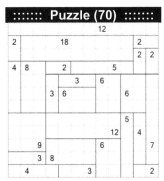
Puzzle (70)

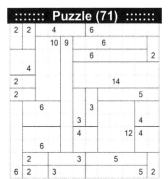
Puzzle (71)

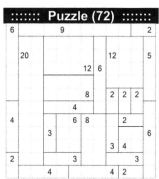
Puzzle (72)

Logic Puzzles for Adults & Seniors

Shikaka (81)

Shikaka (82)

Shikaka (83)

Shikaka (84)

Solution on Page (30)

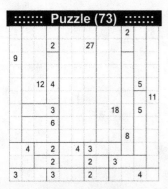
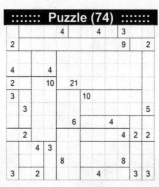
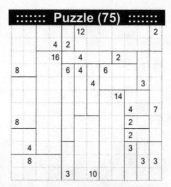
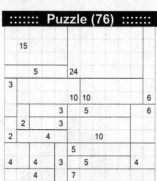

Logic Puzzles for Adults & Seniors

Shikaka (85)

Shikaka (86)

Shikaka (87)

Shikaka (88)

Solution on Page (31)

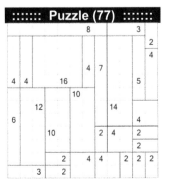
Puzzle (77)

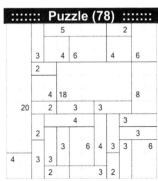
Puzzle (78)

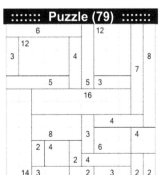
Puzzle (79)

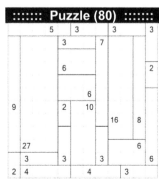
Puzzle (80)

Logic Puzzles for Adults & Seniors

Shikaka (89)

					6			
2		4	2			5	2	2
	4			2		6		
					18			
					8			
	6							
2		6			2		4	
				3			3	6
	6				4		6	
4				6	3			
					2		3	2
		12					3	

Shikaka (90)

3					6			3
			20					
		12						6
8								
10								8
		8			9			
	2						5	
				4	12			4
			4		2			
3				2			2	
3		2	2				2	2

Shikaka (91)

	4					6		4
			2		4			
		6	2	9			4	
					3			
			6	4				
8	9		6					
	9			4	12			
					3			
9			4	3		6		
							9	
		2		4			2	

Shikaka (92)

3		2						
6				3				7
			3	8	14			
				8				
6								
				6	3			
			3					
8		18					6	
	9		3					
4		2	2	3				
		2					15	

Solution on Page (32)

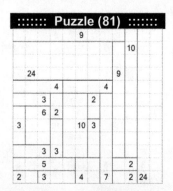

Puzzle (81)

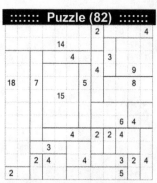

Puzzle (82)

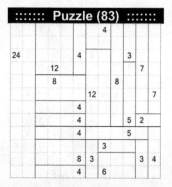

Puzzle (83)

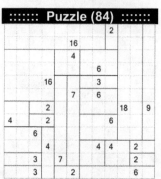

Puzzle (84)

Logic Puzzles for Adults & Seniors

Shikaka (93)

Shikaka (94)

Shikaka (95)

Shikaka (96)

Solution on Page (33)

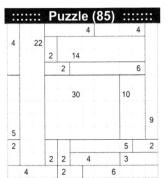

Puzzle (85)

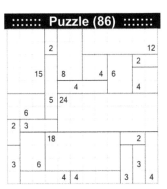

Puzzle (86)

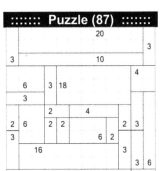

Puzzle (87)

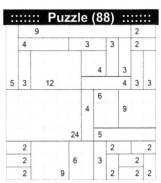

Puzzle (88)

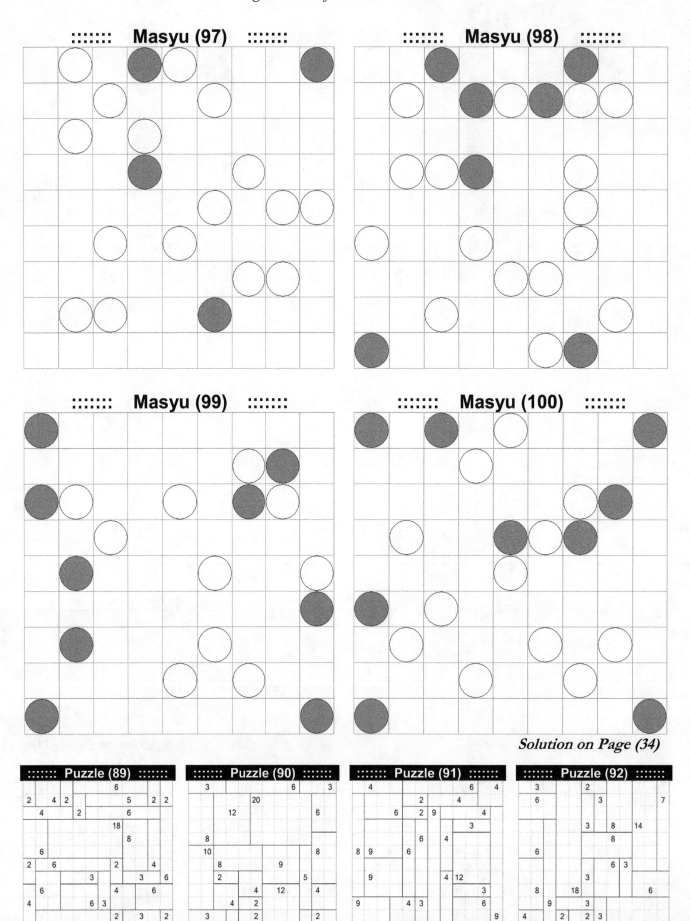

Logic Puzzles for Adults & Seniors

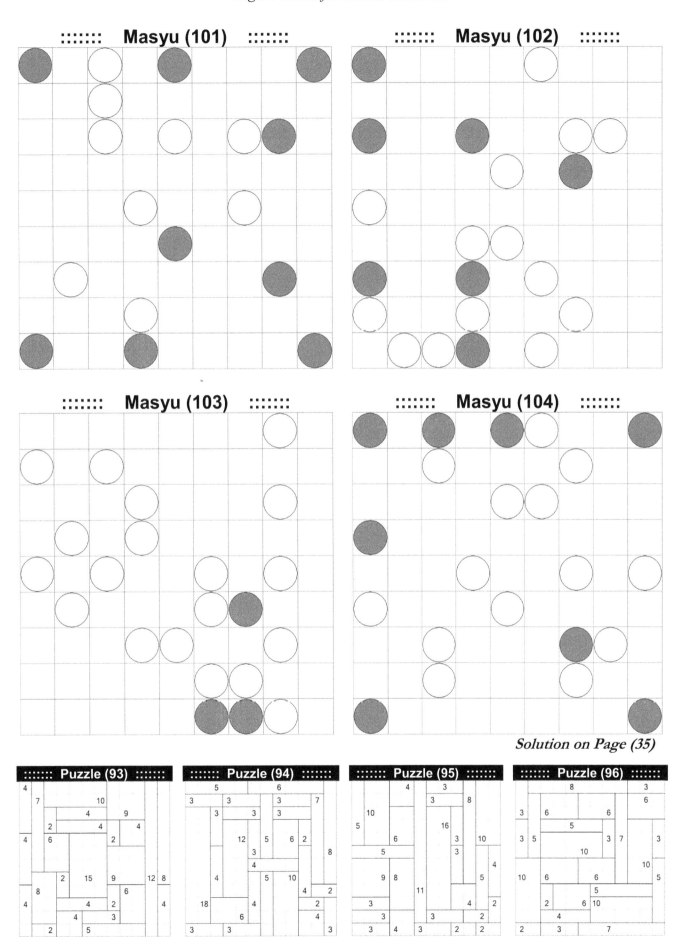

Solution on Page (35)

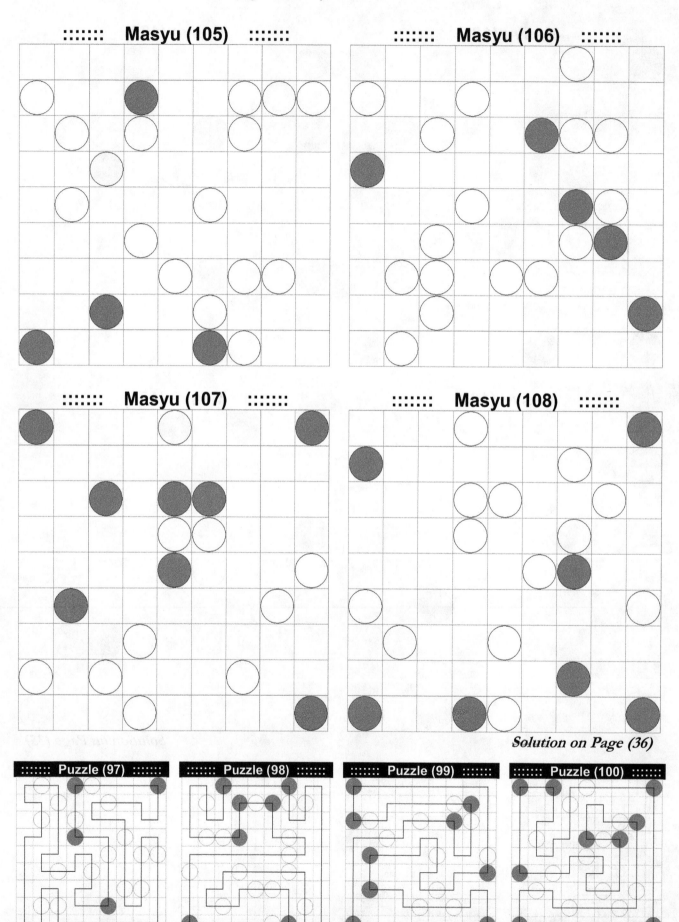

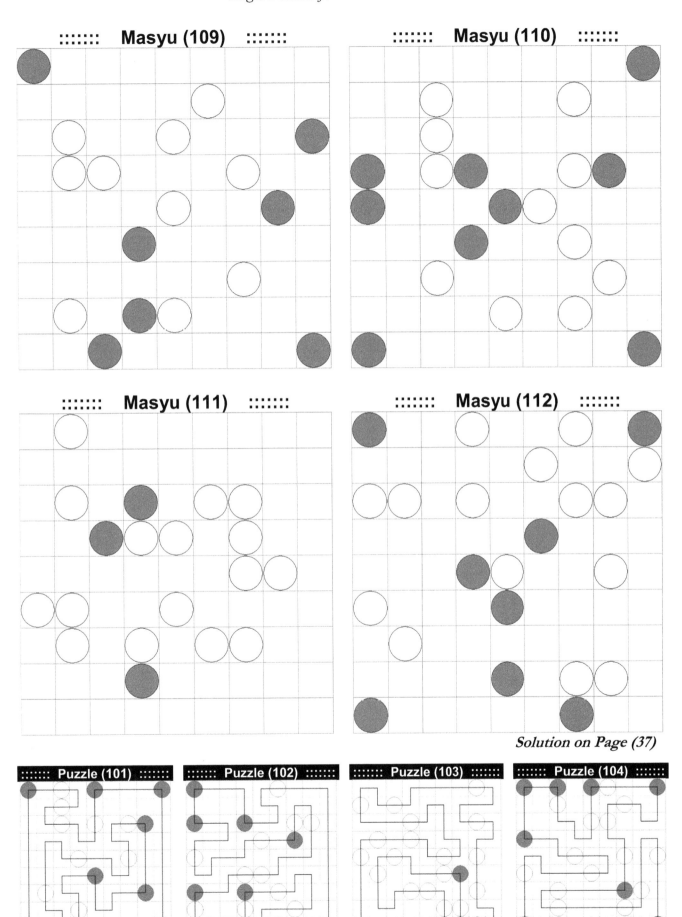

Logic Puzzles for Adults & Seniors

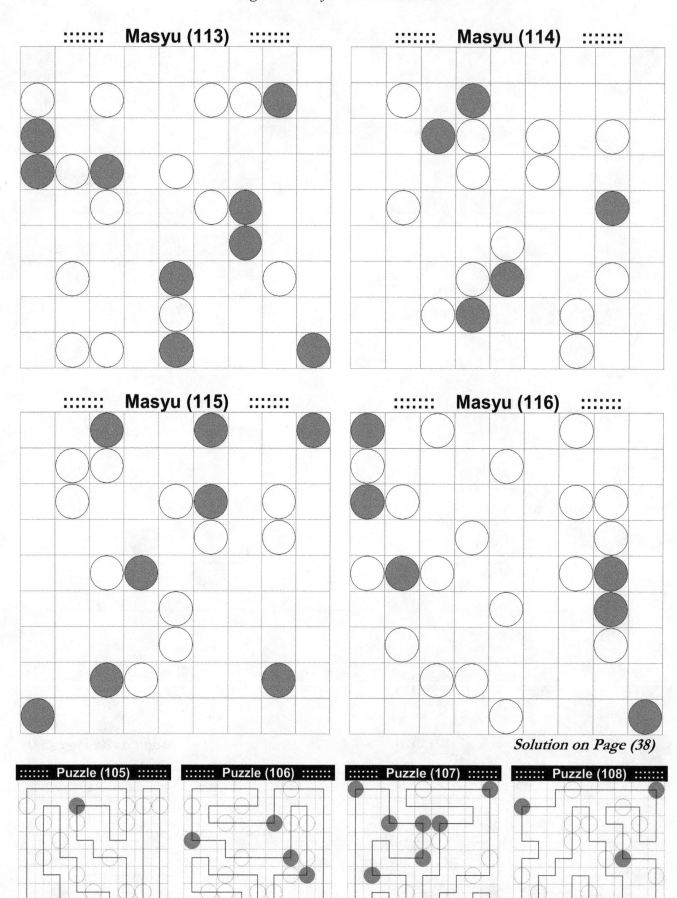

Solution on Page (38)

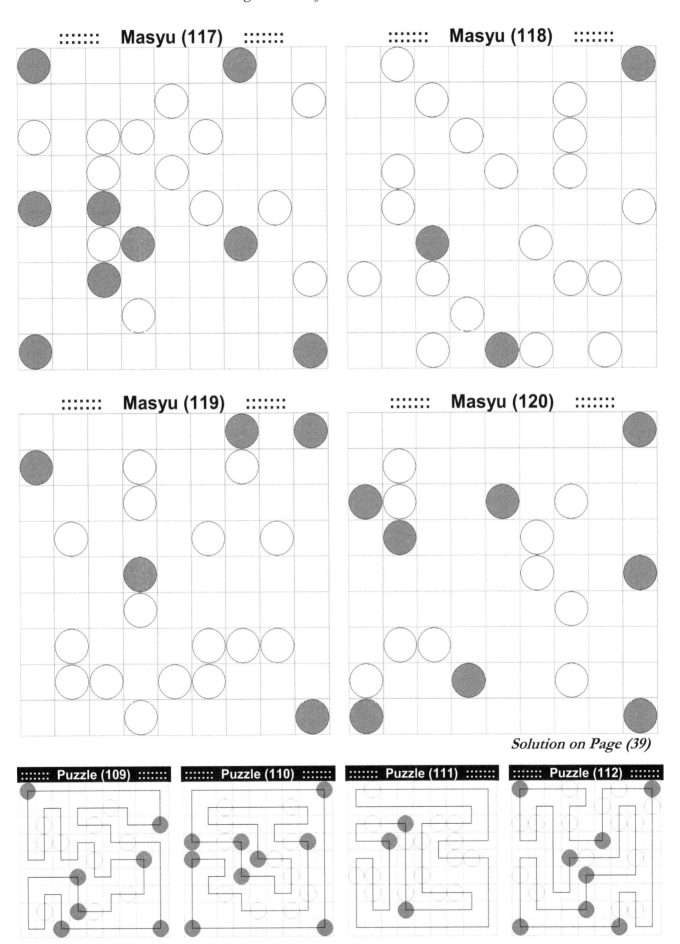

Logic Puzzles for Adults & Seniors

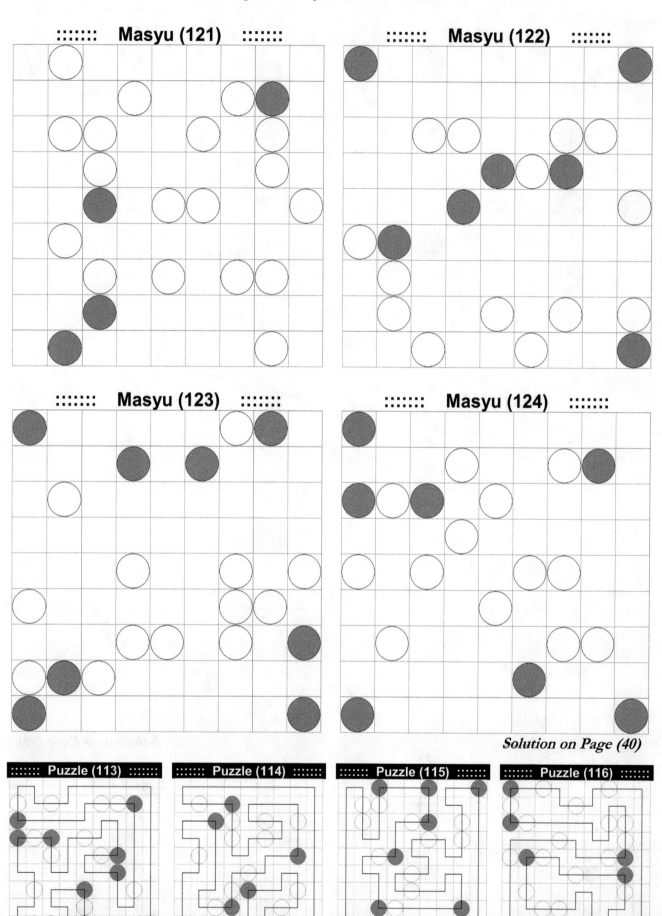

Solution on Page (40)

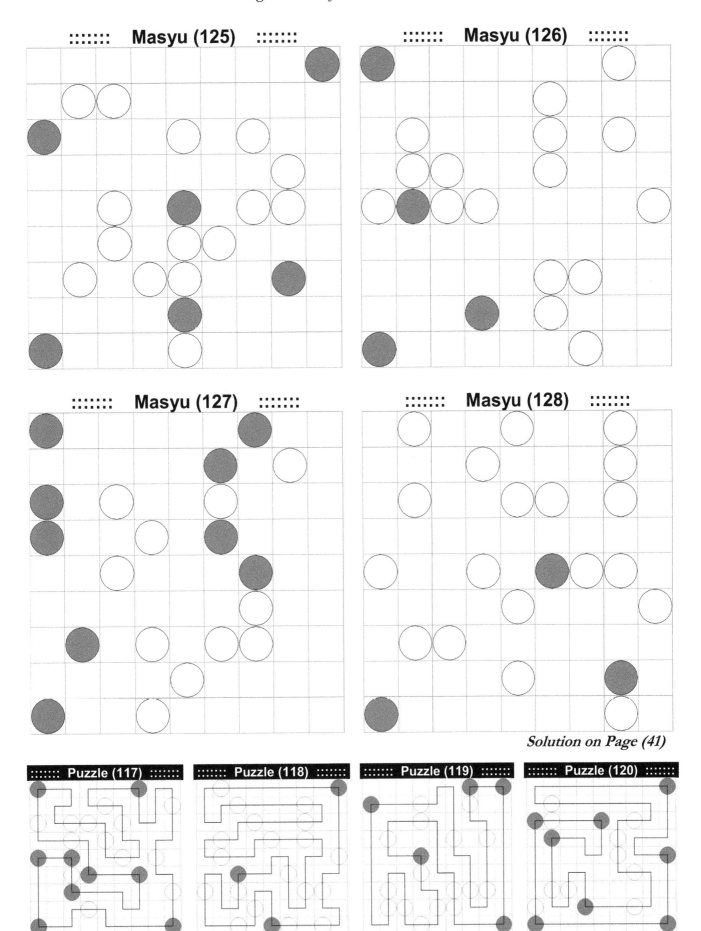

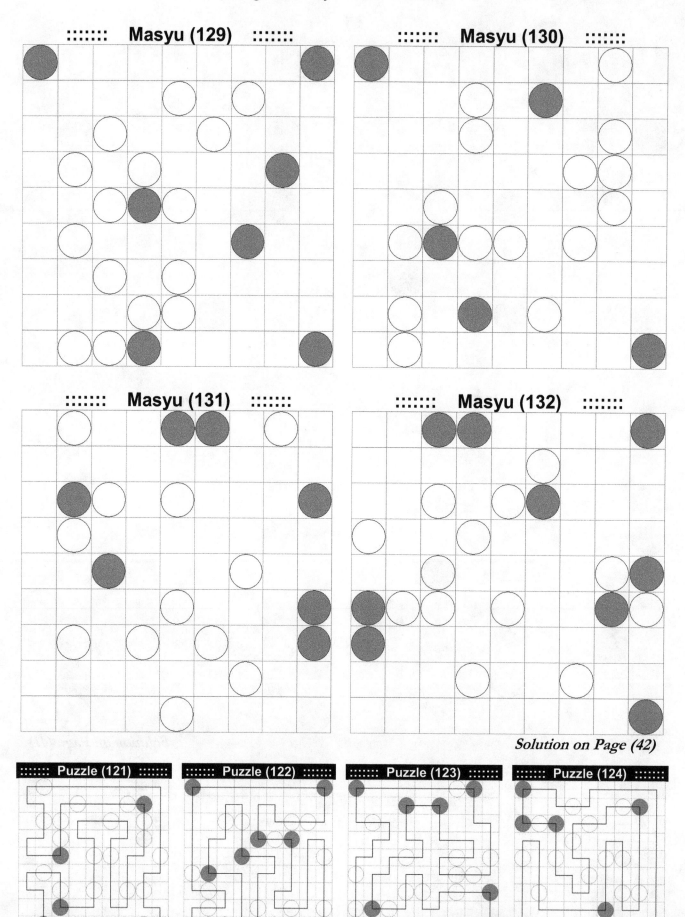

Kuromasu (133)

		13				18	
			4		9		
3						11	
					6		
					16		
	4						
	7						
6						12	
		14	10				9
				4		12	

Kuromasu (134)

		6		2	3		
						6	6
	7	7				5	
9				10			
				8			
			17				
		10					7
	10				13		10
	7	9					
		7		10	3		4

Kuromasu (135)

	4		5	9			
	17						18
					8		
			12			12	
	10						
					3		
	11		4				
7							10
					7		
		2		4	3		3

Kuromasu (136)

		8	10			6	
	6	7					
5			10	12	9	7	
						7	5
							3
8							
	5		7	5	6	5	
						9	10
	6		4		4		3

Solution on Page (43)

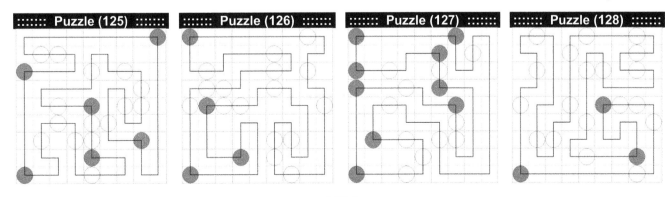

Kuromasu (137)

			6			
6						11
	12			8		10
		8			5	
	7					
				8		
	13			8		
9	16				3	
	14				6	
		5			3	

Kuromasu (138)

5					7		
	13						
	10				3		
			8				
		8				8	11
	15				13		
	6						
	5					3	
				8			
		3				4	3

Kuromasu (139)

					2	
			10	6		
		9				4
	11			4		
			12	11	11	
9		8	8			
	11				3	12
				2		
	13	12				
4					12	

Kuromasu (140)

					6		
					3	7	
		8					
	5		9				
	9						2
					16		
					15	12	
					11		
9	5						
	4					5	

Solution on Page (44)

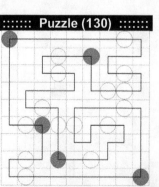
Puzzle (129)

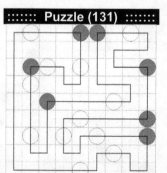
Puzzle (130)

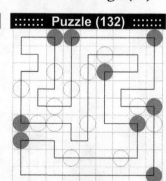
Puzzle (131)

Puzzle (132)

Logic Puzzles for Adults & Seniors

Kuromasu (141)

						5	
		12				6	
	5				5		3
6	7						
10	11						
				8		7	
					5	11	5
	7				6		
4			11				
	2					12	

Kuromasu (142)

3						8		
11							18	11
				4				
	13							4
					8			
	4							
2						6		
			11					8
	11						11	
	13						10	5

Kuromasu (143)

					3		
	11	3		5			
9	16				15		
			5		11		5
		9	5				
	14				5	11	
			9	6	14		
	10					8	

Kuromasu (144)

	12				10		
8						4	
		7					
			10	9			
	5	9				7		4
			6			11	7
			7		8		
						13	
	8						6
	6					4	

Solution on Page (45)

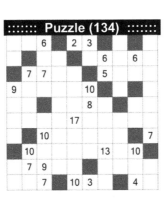

Puzzle (133)

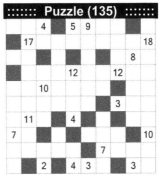

Puzzle (134) Puzzle (135)

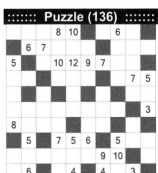

Puzzle (136)

Logic Puzzles for Adults & Seniors

Kuromasu (145)

			6	8	5			
6						10		
	4				10		2	
				9				
		5						
				10				
		8				6		
		7				7		
8						5		
		4	5	4		5		

Kuromasu (146)

5								
		9			12			
			3		6			
2						4		
		9						
				9			10	
							9	
	3		8					
8			2					
							9	

Kuromasu (147)

			10				
	9						
	8		7	6			
	14				11		
	10						
				8			
5			10				
	2	8	13				
				4			
	4			5			

Kuromasu (148)

2	5		7			7	
					11		
			15		15		13
			7	9			
			10	14			
3	3			6			
	4						
							2
	7				8	6	7

Solution on Page (46)

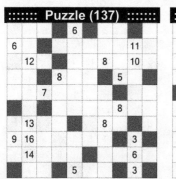
Puzzle (137)

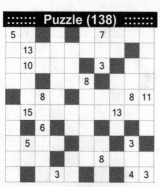
Puzzle (138)

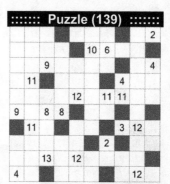
Puzzle (139)

Puzzle (140)

Logic Puzzles for Adults & Seniors

Kuromasu (149)

3				9		5	8
							6
	8	6					
	7		9				
		6			4		
	13		11				
			8		2		
			6	3			5
							4
5		12				7	10

Kuromasu (150)

			13				
			8		7		
				3	6		
		10			7		8
						11	
13							8
		11	9				
	9		9				
	5		4				
				3		3	

Kuromasu (151)

		5	4		5	4	
			11				
			9				
						10	
			7	10			
3		5					
4							
	16						
	7						3
	9		6	8	6		

Kuromasu (152)

	3		3				
			10			9	8
14	14						
	15						
					4		
				13		15	10
10		8					
				12		5	4

Solution on Page (47)

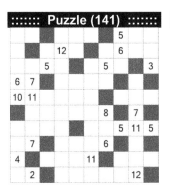
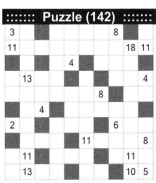
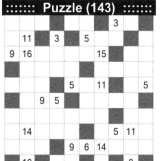
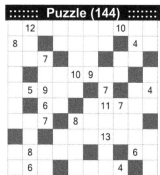

Logic Puzzles for Adults & Seniors

Kuromasu (153)

3			14				
		6					2
					3		
				8			
5				5	3		
	14	6			3		
			9				
7						5	
				8			
			3			3	6

Kuromasu (154)

	5	3					
						3	3
				11	16	15	
							19
	12						
		15		18		16	
							8
8							
					2	5	11

Kuromasu (155)

		9	7			12	
		6			10		
		4		9			
					18		14
8							
		4		11			
11					12		5
			10		6		4

Kuromasu (156)

	2					16	
10					18		
					13		
					17		
						13	
11							
			7				
	9						
		6				14	7
						4	12

Solution on Page (48)

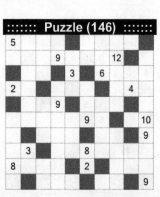
Puzzle (145)

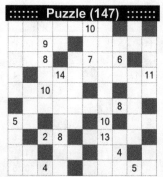
Puzzle (146)

Puzzle (147)

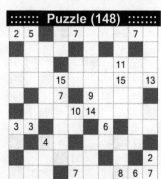
Puzzle (148)

Kuromasu (157)

5							
4				7		12	
		9		9		6	9	5
				9		12	
	11		7				
					13		
6		4	6		7			
	7	8				3	
						6	5

Kuromasu (158)

			11				
		5				4	
							15
	9				14		
				10		6	
	11	14					
		9					6
		6					
		5				4	
				2			

Kuromasu (159)

3					6		
			4				
2	11	7					
		13		12			
				9			
5							
		9	11				
			7	6	10		
		3					
	7					2	

Kuromasu (160)

		4			6	13	
9							
	2	8			5		
			5				
			9				8
			7				
			9				
		8	10			11	
						12	4
9				2	10		

Solution on Page (49)

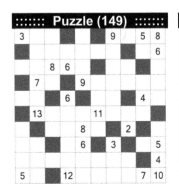
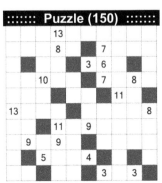
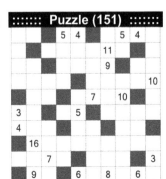
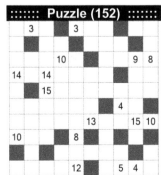

Logic Puzzles for Adults & Seniors

Kuromasu (161)

					5	4	
		7	10				
				10		4	
11	11		11				2
4			3		4		6
	11	5					
		8		14			
	5		8			6	

Kuromasu (162)

		3			9		
							12
6				7			
					14	8	17
	7	11			7		
		10			8	8	10
2	8						
	10					5	5
		3		3		12	

Kuromasu (163)

	4				5		
14							3
			10		7		
		9	5			11	
8							10
					11	4	
			5	11			
	9			7			7
						11	
	5				3	12	

Kuromasu (164)

5					6		3
3			12				
			12				
				8			
14					14		
		13					3
			6				
			8				
			6			3	6
			3				5

Solution on Page (50)

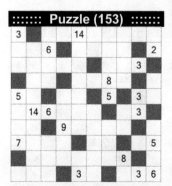
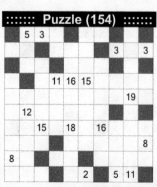
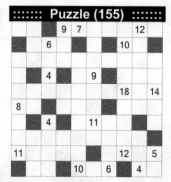
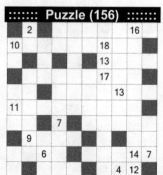

Logic Puzzles for Adults & Seniors

Jigsaw Sudoku (165)

	5					3	8	
	4						7	
6	7	1						
				5				
	3	6	2			8	1	
			1		7			
	1	3	9			5		
			7					
					8	4	9	1

Jigsaw Sudoku (166)

					9		2	
1			9				3	7
		2	4					
7			3					
	1	9				8		
8		3					9	
5	7		8	2		9		
	9		5	4	3			

Jigsaw Sudoku (167)

5	2	7		1			9	
				8			3	
	3	2			1		6	
		8		9				
	9		7					1
		1	5			9		
		9				7		
8				7		5		
		3						

Jigsaw Sudoku (168)

						6	1	9
2				8				
6		5			1	9	7	8
9						2		
	6	7					4	3
			6		8			
4	1							6
7					5			

Solution on Page (51)

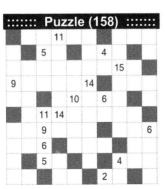

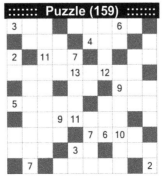

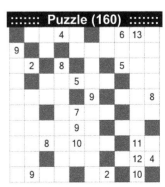

Logic Puzzles for Adults & Seniors

Jigsaw Sudoku (169)

3	4		9			5		
				5				
			4				9	
2							8	
	9		7	2		6		
	5			8	7	9		
	6				9		4	
	2					1		
	4			3	8			

Jigsaw Sudoku (170)

	8		3		7			
1	7							
6				1	3			
	5	4					9	
	4	8				3		5
	6							
8	1			9				
			6	5	7		3	
		7					2	

Jigsaw Sudoku (171)

		2	6				5	
	1		5					
	3	8			5		9	
	8	7	3		1			
3	2	6						
			7					
	1				8		7	
	7		4	6	8	3		

Jigsaw Sudoku (172)

3	7		5	2				8
			8				9	2
			6		5		4	
								9
1	2		9			8		7
						2		8	5
	5	7						
9		5				8	3	
				8	9			

Solution on Page (52)

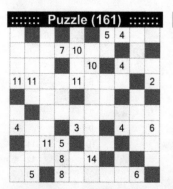
Puzzle (161)

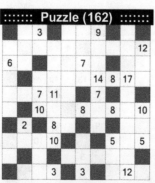
Puzzle (162)

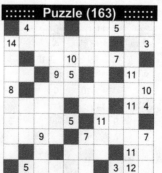
Puzzle (163)

Puzzle (164)

Logic Puzzles for Adults & Seniors

Jigsaw Sudoku (173)

6		9					1	
	4	2	3				9	
		3			5	7	4	
					2	3		
9			7	2		4		
					4	3		6
				5				
	8			9				
			1	3	5			

Jigsaw Sudoku (174)

	7				2		1	
9								
6				8	3			
2	8						7	
4			6	5		2		
5	3	9	2					4
1								
8	2		1					

Jigsaw Sudoku (175)

2				7			6	1
		6	9		8	2	5	
				4	1			
5			7					
	2	7						
9				5			2	
			1				7	
3			5	2	4		9	

Jigsaw Sudoku (176)

	5	3						
6	4							5
					6			
8				2	4	9		3
			4	5	1		9	
	2		6					8
7								
	8	4			1	3		
					9			

Solution on Page (53)

Logic Puzzles for Adults & Seniors

Jigsaw Sudoku (177)

3	4		7					9
								7
6				3				5
7	5			1	4			
2	1	8						
		7				5		
		7	9		6			
5					1			
		2		4			3	

Jigsaw Sudoku (178)

	4	9		2				7
						2		3
					9			
	5		3	6		2		
								9
4				1	6			8
	6						4	
2	9	8				1		6
8								

Jigsaw Sudoku (179)

3						8	2	
		9	3			1	6	
	6				3			
9		1				4	8	
7								
				9				
4								8
	8			1			7	
		4	7		6		5	1

Jigsaw Sudoku (180)

		2	8	3				5
	4		3			8	2	
5	1				2		3	
		1		8	9			
	2		4			6		
				6		2	7	
8							9	
			1			5		7
		3						6

Solution on Page (54)

Logic Puzzles for Adults & Seniors

Jigsaw Sudoku (181)

4	9		1	3			7	8
		5				3		6
	3							
			4				3	
	1	4	3			7	5	
		8	6					
			9			4		
		7	3		1			

Jigsaw Sudoku (182)

				7	3		9	8
	4							
1	5	4						6
				3			4	
	9	1	4		7			
		5			1	7		
		2					1	
6								4
				1				

Jigsaw Sudoku (183)

				3	6			8
3	6				7	4		
	7	5	2		3			
			3			2		
						3	6	
	4		9					
5				8	4			
	3	9	5	6				4
	1							3

Jigsaw Sudoku (184)

1					9		6	7
	2						8	
				8				
		2		7	6	1		
								5
	3	8				2		
		6	5					8
		9	1	5				4
						2		

Solution on Page (55)

Puzzle (173)

6	2	9	5	4	7	8	1	3
7	4	2	3	1	8	6	9	5
8	1	3	9	6	2	5	7	4
1	5	4	6	8	9	2	3	7
9	3	5	7	2	1	4	6	8
2	9	1	8	7	4	3	5	6
3	7	8	4	5	6	1	2	9
5	8	6	2	9	3	7	4	1
4	6	7	1	3	5	9	8	2

Puzzle (174)

3	7	5	8	4	2	9	1	6
9	4	1	5	2	6	7	8	3
6	9	7	4	8	3	1	5	2
2	8	3	6	5	9	4	7	1
4	1	8	9	6	5	3	2	7
5	3	9	2	7	1	8	6	4
1	6	2	7	3	4	5	9	8
7	5	6	3	1	8	2	4	9
8	2	4	1	9	7	6	3	5

Puzzle (175)

2	4	5	8	7	3	9	6	1
7	3	6	9	1	8	2	5	4
6	9	2	3	4	1	5	8	7
5	8	4	7	9	6	3	1	2
1	2	7	6	3	5	8	4	9
4	6	1	2	8	9	7	3	5
9	1	3	4	5	7	6	2	8
8	5	9	1	6	2	4	7	3
3	7	8	5	2	4	1	9	6

Puzzle (176)

1	6	5	3	9	8	4	2	7
6	4	9	8	7	2	1	3	5
2	3	7	9	4	5	6	8	1
8	1	6	5	2	4	9	7	3
3	7	8	4	5	1	2	9	6
9	2	1	6	3	7	5	4	8
7	9	2	1	8	6	3	5	4
5	8	4	2	1	3	7	6	9
4	5	3	7	6	9	8	1	2

Logic Puzzles for Adults & Seniors

Jigsaw Sudoku (185)

	7			4		3		
	8			4				2
	4					1		6
	3	4			2			
1					5			
		5				3		9
			3				8	
3		8				5		
				3				5

Jigsaw Sudoku (186)

							1	7
3				2		8		
				9				
							3	
1	8	4		7	9			3
			3					8
	2	7	5			1		
7	5	3			2		4	6
9								

Jigsaw Sudoku (187)

						8		4
	7		6	2				
			4		8			7
8				5				6
				1			3	8
		3	2	4	7	5		
		2				8		
		6						
5				8		9		

Jigsaw Sudoku (188)

	2			4				
				3				
		6		2	7			5
5			7				6	9
	5				1			
			9				1	7
		1				4		
			3	9				1
		8		5	4			

Solution on Page (56)

Puzzle (177)

3	4	5	7	2	8	6	1	9
9	6	1	3	8	5	4	2	7
6	8	2	9	3	7	1	4	5
7	5	3	1	4	6	8	9	2
2	1	8	5	9	4	7	6	3
4	9	7	6	1	2	5	3	8
1	7	9	8	6	3	2	5	4
5	3	4	2	7	1	9	8	6
8	2	6	4	5	9	3	7	1

Puzzle (178)

3	4	9	1	2	5	8	6	7
7	8	6	5	9	2	4	3	1
5	2	4	8	7	9	6	1	3
9	5	1	3	6	7	2	8	4
6	1	3	2	8	4	7	5	9
4	3	7	9	1	6	5	2	8
1	6	5	7	3	8	9	4	2
2	9	8	4	5	3	1	7	6
8	7	2	6	4	1	3	9	5

Puzzle (179)

3	4	9	5	6	1	8	2	7
5	7	8	9	3	4	2	1	6
1	6	2	8	4	3	7	9	5
9	5	1	6	2	7	4	8	3
7	1	5	3	9	8	6	4	2
8	3	7	2	5	9	1	6	4
4	2	6	1	7	5	9	3	8
6	8	3	4	1	2	5	7	9
2	9	4	7	8	6	3	5	1

Puzzle (180)

9	6	2	8	3	4	7	1	5
1	4	7	3	5	6	8	2	9
5	1	4	6	7	2	9	3	8
6	7	1	5	8	9	3	4	2
3	2	8	4	9	7	6	5	1
4	8	5	9	6	1	2	7	3
8	5	6	7	2	3	1	9	4
2	3	9	1	4	8	5	6	7
7	9	3	2	1	5	4	8	6

Jigsaw Sudoku (189)

	2		8		5	9		
4	2		6	5	8		3	
			2					
8					9		6	
			4		3	9	5	
		8	1					9
		5						

Jigsaw Sudoku (190)

3		8	1		9		7	
		4				2	6	
8	5		6			4	9	
	7		9				1	8
5								6
	1			2				
6		7			1			
		2		8				

Jigsaw Sudoku (191)

	8	9			4			
4					1			
3	1				7	5		
	7			3	9			
				9				
8				2		6		
	6	1			3			
	5						9	
		2			6	7		

Jigsaw Sudoku (192)

		6					9	
	8	4				6		5
6			7					2
2	7							3
			8		4			
8			5			9		6
4				5			6	9
1	6				8		3	4

Solution on Page (57)

Jigsaw Sudoku (193)

Jigsaw Sudoku (194)

Jigsaw Sudoku (195)

Jigsaw Sudoku (196)

Solution on Page (58)

Puzzle (185)

2	5	7	9	6	4	8	3	1
9	8	6	1	4	3	7	5	2
7	4	3	5	2	8	1	9	6
5	3	4	6	1	9	2	7	8
1	6	9	7	8	5	4	2	3
6	1	5	8	7	2	3	4	9
4	9	2	3	5	1	6	8	7
3	7	8	2	9	6	5	1	4
8	2	1	4	3	7	9	6	5

Puzzle (186)

5	3	9	8	4	6	2	1	7
3	7	1	6	2	5	8	9	4
6	1	8	7	9	4	3	5	2
2	4	6	9	5	8	7	3	1
1	8	4	2	7	9	5	6	3
9	6	5	3	1	7	4	2	8
4	2	7	5	6	3	1	8	9
7	5	3	1	8	2	9	4	6
8	9	2	4	3	1	6	7	5

Puzzle (187)

7	2	9	5	6	3	8	1	4
4	7	8	6	2	1	3	5	9
3	1	5	4	9	8	2	6	7
8	3	4	7	5	9	1	2	6
2	6	7	9	1	5	4	3	8
6	8	3	2	4	7	5	9	1
9	5	2	1	7	4	6	8	3
1	9	6	8	3	2	7	4	5
5	4	1	3	8	6	9	7	2

Puzzle (188)

8	2	7	1	4	9	3	5	6
6	7	9	8	3	5	1	4	2
9	1	6	4	2	7	8	3	5
5	8	3	7	1	2	6	9	4
3	5	4	2	6	1	9	7	8
4	3	5	9	8	6	2	1	7
2	6	1	5	7	3	4	8	9
7	4	2	3	9	8	5	6	1
1	9	8	6	5	4	7	2	3

Logic Puzzles for Adults & Seniors

Jigsaw Sudoku (197)

	6	3	7			8		
				7		9		
	3	6			9			
9		5		4		3		
3	4				7			
1			3				9	
5		7	6		4		1	
2		8			7			

Jigsaw Sudoku (198)

				1		4		
					2	3		
	4			6			1	
							5	
7				5		4		
		4			5		9	1
1		8	3	4	7			
					5			

Jigsaw Sudoku (199)

			8			1		
			3		1		4	
1			4		3			
3		1		5				
	2	4			6			
9					5	3		
			8				5	
				2	3			
		3						6

Jigsaw Sudoku (200)

			8			4	7	
1				6		2		
7	9			3				
9		7		2	8			
4								
		3		9				8
5			8	2				4
8		6			5			

Solution on Page (59)

Logic Puzzles for Adults & Seniors

Jigsaw Sudoku (201)

		6		1		8		
		2	8					
3	1	8				4		9
8	2	5						
			4				5	
	5	9						1
1					5			
		1					3	
9			3		7		8	

Jigsaw Sudoku (202)

					2			
1		3			4		6	
4		8		6	5			7
				3				
						9		4
	8		4	6			9	3
	9	2					4	5
		9						
6	4	5						

Jigsaw Sudoku (203)

4		2	1		7	9		5
		3		2				
			4	6				
		2	3	6	4	9		
3	5		8					
						5		
2			9					
		5		8				
7		3	2	6				4

Jigsaw Sudoku (204)

			3	2	1			
		4	5			6		
		3			9		8	
			8					1
	6		7	5				2
5	4			7				
			8					
	6	7	1				2	9

Solution on Page (60)

Jigsaw Sudoku (205)

		5						
8			1	2				
				5	6			
		3	5		1	8		
3		2				1		
	5			9			8	
								4
9		8	3			6		
			6	7		2		

Jigsaw Sudoku (206)

		5						4
	6			8		5		
	8					7		3
		7	3	8	9			
	1			5				
		9		2	3	6		
8					4	1		
			2	1				
1						4		

Jigsaw Sudoku (207)

5	6			9				3
	5							
	4			7				
9			8					
	8	7			9			
	2				5	7		
6			1		3	5		
	3					2		
	7			5	6			

Jigsaw Sudoku (208)

		2		8	1	4	9	
2		9		4	3	6	5	
		5		9				
7	8	4		2				
1								
6	3					8		
	1		2		5		8	
7			3		1			

Solution on Page (61)

Logic Puzzles for Adults & Seniors

Jigsaw Sudoku (209)

Jigsaw Sudoku (210)

Jigsaw Sudoku (211)

Jigsaw Sudoku (212)

Solution on Page (62)

Puzzle (201)

4	9	6	5	1	3	8	2	7
5	7	2	8	3	9	1	6	4
3	1	8	7	2	6	4	5	9
8	2	5	1	6	4	7	9	3
6	8	3	4	7	9	2	1	5
2	5	9	6	4	8	3	7	1
1	3	7	9	8	2	5	4	6
7	4	1	2	9	5	6	3	8
9	6	4	3	5	7	1	8	2

Puzzle (202)

9	6	7	4	5	2	3	1	8
1	2	3	7	8	4	5	6	9
4	3	8	9	6	5	1	2	7
5	7	4	1	3	9	6	8	2
2	5	6	8	1	3	9	7	4
7	8	1	5	4	6	2	9	3
3	9	2	6	7	1	8	4	5
8	1	9	2	4	7	6	5	3
6	4	5	2	9	8	7	3	1

Puzzle (203)

4	6	2	1	8	7	9	3	5
9	7	6	3	5	2	4	8	1
8	3	1	9	4	6	5	2	7
5	1	8	7	2	3	6	4	9
3	5	4	8	7	1	2	9	6
6	2	7	4	1	9	3	5	8
2	8	5	6	9	4	1	7	3
1	4	9	5	3	8	7	6	2
7	9	3	2	6	5	8	1	4

Puzzle (204)

6	8	7	3	2	1	5	9	4
1	3	4	5	9	2	6	7	8
2	1	3	6	4	9	7	8	5
9	7	5	2	8	3	4	6	1
4	6	8	1	7	5	9	3	2
5	4	9	8	3	7	2	1	6
7	2	1	9	5	6	8	4	3
3	9	2	4	6	8	1	5	7
8	5	6	7	1	4	3	2	9

Logic Puzzles for Adults & Seniors

Slitherlink (213)

Slitherlink (214)

Slitherlink (215)

Slitherlink (216)

Solution on Page (63)

Logic Puzzles for Adults & Seniors

Slitherlink (217)

```
.  .  .  .  .  .  .  .  .  .  .
.  .  .  .  .  3  .  .  .  .  1
3  .  3  2  2  .  .  1  2  .  1
.  0  1  .  2  .  .  1  2  1  .
.  .  0  .  2  .  .  .  .  .  3
3  0  .  1  1  .  3  .  2  .  .
.  2  .  .  2  3  1  2  1  1  .
3  .  1  2  1  2  2  .  .  3  .
.  1  .  .  2  .  .  2  2  1  1
3  .  2  .  2  .  3  .  .  1  .
1  .  .  .  .  1  .  3  .  .  2
3  3  .  3  .  .  .  .  1  3  .
```

Slitherlink (218)

```
3  .  .  .  3  2  .  2  3  .  3
3  .  3  2  3  .  .  2  .  1  .
.  .  1  0  .  .  .  3  .  2  1
1  .  .  1  .  2  1  .  .  .  .
3  .  .  2  1  2  .  3  .  .  .
.  .  .  .  .  .  .  2  .  .  3
3  .  2  .  0  2  .  .  .  2  .
2  1  .  2  2  .  2  .  .  0  3
.  1  .  .  1  2  1  .  3  .  .
.  1  .  .  .  .  2  2  .  1  3
.  .  .  .  .  .  .  .  3  .  2
```

Slitherlink (219)

```
3  .  2  .  .  .  2  .  .  3  .
.  .  .  .  .  .  .  .  .  .  .
1  .  2  0  2  .  1  2  2  3  .
.  1  .  2  3  3  .  .  .  1  .
.  .  2  .  1  .  .  3  .  .  2
3  .  .  2  .  1  .  1  1  .  .
.  .  2  .  .  2  2  3  .  3  .
.  .  2  2  .  1  2  .  2  .  .
2  .  3  .  3  .  .  .  .  1  2
2  .  0  .  1  .  1  .  3  .  .
.  3  3  .  .  .  3  3  2  .  1
```

Slitherlink (220)

```
.  3  .  3  1  2  .  .  2  .  2
2  .  .  .  .  .  2  .  3  2  .
.  .  1  .  1  .  .  .  .  1  3  2
2  .  0  .  .  1  .  3  .  .  .
.  3  3  .  3  2  .  .  .  3  2
.  .  .  .  1  .  3  .  .  .  0
2  .  .  2  .  1  .  .  2  .  2
.  2  3  1  .  2  .  .  .  1  1
3  .  .  2  .  2  2  .  .  2  3
.  .  .  2  .  .  .  2  1  1  .
3  .  2  .  .  2  .  3  2  2  .
```

Solution on Page (64)

Slitherlink (221)

Slitherlink (222)

Slitherlink (223)

Slitherlink (224)

Solution on Page (65)

Slitherlink (225)

Slitherlink (226)

Slitherlink (227)

Slitherlink (228)

Solution on Page (66)

Logic Puzzles for Adults & Seniors

Slitherlink (229)

Slitherlink (230)

Slitherlink (231)

Slitherlink (232)

Solution on Page (67)

Logic Puzzles for Adults & Seniors

Slitherlink (233)

Slitherlink (234)

Slitherlink (235)

Slitherlink (236)

Solution on Page (68)

Logic Puzzles for Adults & Seniors

Slitherlink (237)

Slitherlink (238)

Slitherlink (239)

Slitherlink (240)

Solution on Page (69)

Slitherlink (241)

```
  2     1  3        2
     2        1  3
2  1  1     2
3  3  2     1     3     2
        3  2     1  1  2
2  3  0        2        2
   3  1           3  1
2  3        1  2  2     1  1
     2           1     2  2
2        2        2  2
        3     2     3
```

Slitherlink (242)

```
3              2        2
   3  1  3        1  1  2
        2           2
3     2              2
        2     3  0  3     3
   2  3        2        0  2
      1  1        2  2
1     3     3        1     2
2  3           1           1
2           1  3     2  2  3
2     3     3     2        2
```

Slitherlink (243)

```
      3     1     2  2
2  3     3  1              2  2
         2     3  3     2
3     3  3  2        2
3           2  3  1  2  2     1
      3              1
3     2  2        2  2  2  0  3
   2              2
2        1  2        2  2
      3  3  3     3     1  3
```

Slitherlink (244)

```
3  2  2  3  2  3        3     3
   3  2     1  2     2        2
   2     3     2        1
2        3  2        2  3  2  3
         2  2  1  2  1     1
3  2        2  2     3
3  1           1              2
3        1  2  1     3  2
2  1        3
      2     1        0  2
3  2  2  3              3  3
```

Solution on Page (70)

Logic Puzzles for Adults & Seniors

Slitherlink (245)

```
. . . . . . . . . . . .
.               3   3    .
3 3   3             2    .
.  1 2 1     2 3 1 2     .
.    1 2   2           2 .
.  3 2   1   2 1         .
.        1   3 2 1 3     .
.  2 1       0   3       .
.  3 2   3   3 2       2 .
.    2           3 3     .
.  3     0 2   3       1 .
.  2       1       2 3 3 .
. . . . . . . . . . . .
```

Slitherlink (246)

```
3 2   2       3 2
      2 3 2     2   3
2     2       2 2   1
3   2           2   2 2
  1 2   0   2   3 3 2
2 1 2 3
  3 2   1 2 1 1
  2     1 2     2 1
2 3   1         1     2
1 2 2 2 3 1   1 3   3
              3   2
```

Slitherlink (247)

```
    2   3       1   3
2   2 2 1   3 2 3
1           1       2
  1   2 0 2 2   2 3 1
1   1 2   2         2
    3 2             2
  2   2             2
    2   1 3     2 0
3       3 1 1 2   3 3
  3             2 2 2 1
3       3   1
```

Slitherlink (248)

```
3 1       2 1     3 3
      2       2 2     1
      2   2 0   2   3 3
3 2 3   3       2     2
  2 2       1 2 2
        2   3     3
3     2   2   2       0
2   1   2   2     2 0
  2 2                 2
  2 2             2 2 2
3     3 1       1
```

Solution on Page (71)

Logic Puzzles for Adults & Seniors

Suguru (249)

3		1			4	2	7		4
		5		7				6	
2		6	1			7		4	2
		4		5		2			5
4									3
6			3	1				6	4
2	3		6					3	
7						2	1		2
	4		4	6			4		
3		2	5		3	1	2		

Suguru (250)

3	6		3		4		7	2
		5		1			5	
2	5		1	3		5		
		3			2			4
5			2					
1		5		4				3
	2			1		1	7	
5	4		5		7		4	4
	2			3				6
7	6	5			4		3	7

Suguru (251)

7			1	6		5			2
									1
5		7	4				3		2
6				2			2	7	6
	2	3			3		5	1	
6			4			7	2		6
7		5			3				2
		1	4		1			5	
2			7	6	4	6			1
4		3		3		1		7	2

Suguru (252)

1		4				2		6	
3	5		1				3		7
				2		7	1		4
6			3				6	7	
5	7	2		2					3
6			1	5		4	6	5	1
			6						
5		3		4		5		4	
		6				7			3
3			1	2	4		1	2	

Solution on Page (72)

Logic Puzzles for Adults & Seniors

Suguru (253)
Suguru (254)
Suguru (255)
Suguru (256)

Solution on Page (73)

Logic Puzzles for Adults & Seniors

Suguru (257)
Suguru (258)
Suguru (259)
Suguru (260)

Solution on Page (74)

Logic Puzzles for Adults & Seniors

Suguru (261)

5	2	6	4		2		6		3
	1					1			
3				2	6			7	4
	1	5							
3		2	1	3		6	2		5
	6	3		5		7		7	1
7	5		1		2				2
3	2			7		7	6	4	
	6	1				2	7	3	
2	7		6		1	6	1		4

Suguru (262)

		1	4	5	4				5
						6		6	3
	4			1				7	
6		1	3		3				6
5			7			4		4	
				2		6		6	1
	2	5	7		4		7	4	2
							5		5
		3		3		4		2	
3	7		2	7	5		1		

Suguru (263)

4		2		7		1	2		6
	6				2	4			
4		3			6		3		
1					1		6		2
	2			4					
3		4	7			6		5	
4			5	2			2		
2	7		6				6		3
	3		3	2			4	2	
1				5		5		1	

Suguru (264)

4						5	3		1
7	2							6	
	6		3				3		5
			4						3
3	6		1	6		7	3		4
	1	2				4			2
			3	6		5			
	5	1		5		4	1		6
3	7		4	3				5	
		6		1			4	2	

Solution on Page (75)

Puzzle (253)

1	7	1	6	2	3	7	6	2	1
5	4	2	3	5	1	4	1	4	3
2	7	5	6	4	3	6	3	2	1
6	3	2	1	5	1	5	4	5	3
2	1	5	3	2	4	7	6	2	1
4	3	4	6	1	5	2	3	5	7
5	2	1	2	4	3	4	6	4	2
7	4	6	3	1	5	1	7	1	6
5	3	2	5	6	3	2	5	4	2
6	7	4	1	2	4	1	3	1	3

Puzzle (254)

2	4	1	7	1	3	6	4	5	2
5	3	2	3	4	2	5	2	3	1
1	6	4	1	7	6	3	6	5	4
7	3	2	5	4	1	2	1	3	7
4	5	7	3	2	3	4	5	2	5
1	2	1	6	4	5	6	3	6	1
3	4	3	2	1	7	2	5	4	
2	5	1	6	4	2	3	1	3	2
7	6	2	3	5	1	5	4	5	4
4	5	1	4	6	4	2	1	2	1

Puzzle (255)

1	4	2	3	1	3	5	4	1	5
2	3	1	4	6	2	6	3	7	6
1	7	2	3	5	3	5	1	4	2
5	6	5	1	4	2	4	3	5	1
4	3	4	2	3	7	1	2	6	2
6	5	1	6	1	5	4	5	4	3
7	3	2	4	2	7	3	2	6	1
2	6	5	1	5	1	4	1	5	2
5	4	7	3	2	3	7	6	7	
6	3	1	2	7	1	6	2	4	3

Puzzle (256)

4	2	1	7	4	3	2	4	1	3
7	5	3	6	5	1	7	5	2	5
1	6	4	1	2	3	6	4	1	4
4	5	3	6	5	4	1	5	3	2
6	7	4	1	2	3	2	6	1	4
5	2	3	5	7	5	1	3	5	2
3	1	6	1	3	2	6	2	6	3
2	5	4	7	5	1	4	1	4	7
3	6	3	6	3	2	5	2	5	3
2	1	4	2	1	4	6	3	1	2

Logic Puzzles for Adults & Seniors

Suguru (265)

Suguru (266)

Suguru (267)

Suguru (268)

Solution on Page (76)

Puzzle (257)

1	2	4	3	5	1	2	3	4	5
3	5	6	1	2	3	4	5	7	2
6	1	2	7	6	5	6	1	3	6
7	4	3	4	1	2	3	7	4	2
2	1	2	5	3	4	1	5	1	5
3	6	4	6	2	5	3	6	3	2
1	5	1	3	4	1	4	2	5	4
3	4	2	5	7	2	3	1	3	1
1	6	3	1	4	5	6	5	4	6
4	5	2	5	2	7	4	3	1	2

Puzzle (258)

2	4	3	5	1	5	3	6	2	1
3	1	6	4	6	2	1	4	3	4
4	2	5	2	3	4	5	7	2	1
1	3	6	4	5	2	3	4	3	4
5	4	5	1	7	1	6	1	2	6
6	7	2	6	4	7	3	5	3	3
1	3	1	5	1	3	1	6	4	1
4	2	4	2	7	4	5	3	2	5
5	1	3	1	4	2	7	1	1	3
2	3	1	2	3	5	1	7	4	2

Puzzle (259)

2	5	6	5	4	5	1	4	6	1
4	3	7	3	7	3	7	3	5	2
1	5	1	2	1	6	1	2	7	3
2	4	6	4	2	4	5	4	1	5
1	7	3	1	3	6	1	6	2	6
4	2	5	4	2	4	3	5	1	4
1	3	1	3	5	1	2	6	7	2
5	4	6	4	2	3	7	3	5	1
4	6	5	3	7	5	7	2	1	4
6	1	2	4	1	4	6	5	3	6

Puzzle (260)

1	3	2	3	6	5	1	4	2	3
2	5	4	5	4	7	6	3	5	1
3	1	6	7	2	3	4	7	2	6
1	4	3	1	4	1	2	6	1	4
5	2	6	5	2	5	3	5	3	5
6	4	1	3	1	4	1	2	7	6
1	7	5	6	2	3	6	3	1	4
4	3	2	1	4	7	2	5	6	2
2	5	4	5	2	5	4	7	4	1
1	3	1	3	6	1	2	3	5	7

Logic Puzzles for Adults & Seniors

Suguru (269), Suguru (270), Suguru (271), Suguru (272)

Puzzle grids (visual content, not transcribed as tables).

Solution on Page (77)

Logic Puzzles for Adults & Seniors

Suguru (273)

	4	1	5		5	1	6		4
3				6	2			5	3
	1		1		4		6		1
3				7	3		4		
			4			1			
		6	5						
		2		2		5		7	
				6	7		1		2
		1				2		5	4
4	6	2		1	4		3		6

Suguru (274)

	1		4	6		3		5	1
			3				2	6	
2			5	7		4			4
		6	3		1		3		
	1						4		2
	2				3				4
6			6				6		
		7	4		3				7
4	2	6		2					4
5		7		4	6	3		1	

Suguru (275)

6	2	5			7		7	2	
5	4			1		3			
3		3		5		2			7
	4	2	6						4
1	5				4		2	6	
7		6		3			3		
	4				5	2			
		7	2				5		5
		4		4	7			6	
5				6		5		3	2

Suguru (276)

2		4	6		6	3	1	6	
	5			5				2	
		1				4			7
6							2		
		3	7		2				6
	4			4	6				1
1		3					5		4
3	4		5			4			6
	6	7		4			6		
2		2	1				3	2	5

Solution on Page (78)

Puzzle (265)

2	3	1	6	5	4	7	4	3	1
1	7	4	3	1	2	6	2	6	5
2	6	5	2	6	4	5	4	7	1
1	3	7	1	7	2	3	1	2	3
2	6	5	2	3	1	5	4	5	1
5	4	3	1	5	4	2	1	3	4
3	1	5	2	3	7	3	6	2	1
2	6	3	6	4	1	5	4	3	7
1	4	7	1	7	3	6	2	1	6
5	2	5	3	2	4	1	4	5	2

Puzzle (266)

3	2	3	1	2	6	2	3	1	6
1	5	4	5	3	7	5	4	5	4
3	6	3	1	6	1	2	7	2	7
2	1	2	5	4	5	4	3	1	3
4	5	6	1	3	2	1	7	6	4
3	1	2	4	6	4	2	5	2	1
5	6	3	1	7	2	3	6	1	4
4	1	4	2	5	6	1	7	5	3
6	5	3	7	4	2	4	6	1	5
7	1	2	5	3	6	1	7	3	2

Puzzle (267)

3	2	1	2	4	1	3	1	4	2
1	6	7	3	5	2	5	2	3	1
5	4	1	4	6	7	3	1	4	2
7	3	2	3	1	2	5	2	5	3
2	1	5	4	6	3	1	4	7	6
6	4	3	7	1	2	5	2	3	4
1	5	1	5	6	3	1	4	1	2
3	4	6	2	1	2	5	3	5	3
1	5	3	5	3	1	4	6	4	2
4	3	2	1	2	7	1	5	3	4

Puzzle (268)

3	2	1	7	3	5	1	2	4	1
6	4	5	2	1	2	4	3	6	3
3	1	6	4	5	3	6	5	7	1
5	4	2	3	2	1	2	3	2	4
1	6	5	1	4	6	5	4	1	5
2	7	3	2	5	2	7	2	3	7
3	4	5	1	3	1	3	5	1	6
6	1	6	4	5	4	2	7	3	2
3	4	2	1	6	3	1	4	6	4
1	5	3	6	2	4	2	1	2	1

Logic Puzzles for Adults & Seniors

Suguru (277)

Suguru (278)

Suguru (279)

Suguru (280)

Solution on Page (79)

Logic Puzzles for Adults & Seniors

Suguru (281)
Suguru (282)
Suguru (283)
Suguru (284)

Solution on Page (80)

Logic Puzzles for Adults & Seniors

Suguru (285)

Suguru (286)

Suguru (287)

Suguru (288)

Solution on Page (81)

Puzzle (277)

5	3	1	3	6	5	2	5	2	1
2	7	5	4	1	2	7	1	3	4
6	3	1	2	6	2	6	2	1	5
1	4	5	4	7	4	1	7	4	3
3	6	1	6	2	5	3	5	6	2
1	2	4	5	3	6	1	2	3	4
4	5	7	6	1	2	5	4	5	1
2	3	1	2	3	7	1	3	2	6
5	6	5	6	4	5	4	6	7	1
3	1	4	2	1	2	1	3	4	3

Puzzle (278)

6	5	2	7	4	3	6	2	4	5
1	4	3	5	1	2	1	7	3	1
2	6	2	4	6	3	6	2	6	4
5	3	5	3	2	1	4	5	1	5
1	4	1	7	5	6	3	7	4	2
3	2	5	2	4	7	5	1	3	1
4	6	3	7	1	2	4	2	6	5
3	1	2	4	5	3	6	5	1	7
6	5	7	1	2	6	4	1	2	3	2
3	1	2	4	2	5	3	4	6	1

Puzzle (279)

1	5	6	4	2	3	5	2	1	5
4	3	2	1	6	7	1	3	4	2
7	1	5	3	2	4	2	5	6	1
6	2	6	4	6	5	1	7	3	7
5	4	5	7	1	3	4	6	4	5
7	1	2	3	5	2	5	3	1	3
2	3	4	1	7	3	6	4	6	4
5	6	7	3	6	5	2	1	2	1
4	2	1	4	3	1	4	3	6	5	3
1	7	3	6	5	6	1	2	1	4

Puzzle (280)

1	4	1	3	6	7	3	1	3	2
2	3	5	7	2	5	4	2	6	1
1	6	1	4	6	1	7	1	5	3
3	2	3	2	5	3	2	6	2	4
1	5	7	4	6	4	7	4	1	5
2	4	2	1	2	5	6	3	6	2
5	3	6	3	4	3	1	2	7	3
6	4	2	1	5	2	4	5	1	4
5	1	3	7	6	3	1	7	3	2
3	4	2	1	5	4	6	2	4	1

Logic Puzzles for Adults & Seniors

Suguru (289)

Suguru (290)

Suguru (291)

Suguru (292)

Solution on Page (82)

Puzzle (281)

Puzzle (282)

Puzzle (283)

Puzzle (284)

Logic Puzzles for Adults & Seniors

Suguru (293)

2	3			3		1	4	
5			5	4				3
3		1		2			7	6
		5		6		1		4
2			1		7		5	
	4		2		6	2		1	2
		3	6			3	7		6
		2			7		1		2
			5	4		5		4
2	5					1		3

Suguru (294)

4		7		2	4		5		
5		5			6		3		2
	1		1			1	5		6	3
6		7							4
1			5	2			4	1		6
	4	2				6		3	5
3		6	1						1
			4		4		7	4	
	2	3	6	3				5	
4		1			2		2		3

Suguru (295)

4	2			6	7		5		1
	5			2		3	6	4	3
2		3		4					
				5		5			4
	2	4	3		2			7	
7					5	2		5
4					2	1		6
		2	3		4		5	
6								
		6		5		6	1	

Suguru (296)

1	6	2			5	3	5		3
	5			4				7	
	4		5		2	6			2
		3		6				3	4
7	1		3				2	5	
			4		2				3
6			7	5			7		2
				2		1	3		4
1		5		5			5		2
3	5		6	3				1	7

Solution on Page (83)

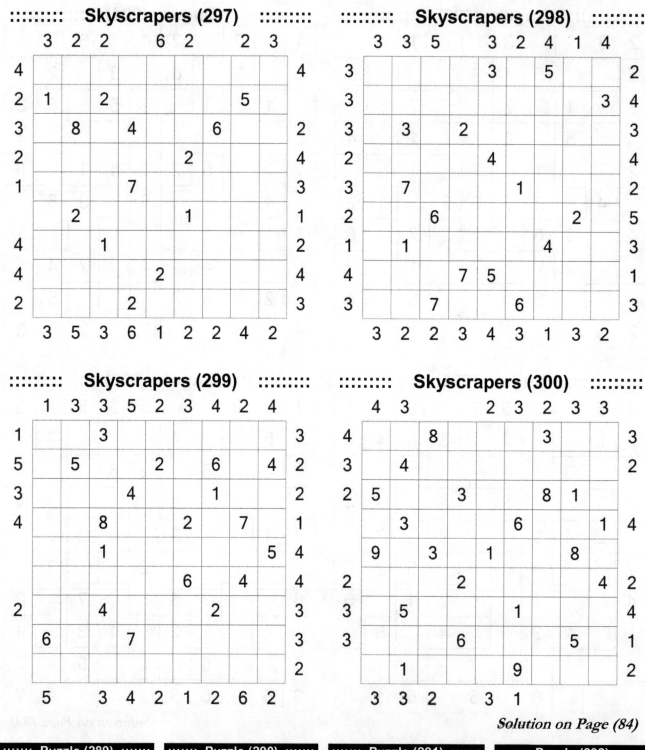

Logic Puzzles for Adults & Seniors

Skyscrapers (301)

	2	3	2	1	4	3	6	
2					5			4
3			4			6		
3				5				3
1		2			4	7		4
4	3		2				1	3
4		6		4			2	2
2	6				8			4
4		4				3	6	2
					6			1
	3	3	3	4	2	4	2	1

Skyscrapers (302)

	3		4	3		2	2	3	
2				5			7		5
					3				2
4		2		8		9		4	3
2					7		5		3
2			8		4			7	4
4		7				3			2
2			2			1		8	
3	4						3		1
1		3			1				
			3	3		4	2	4	

Skyscrapers (303)

	2	3	2	4	2		1	3	3	
3				2						
3										2
1						3				
3		4					7			2
2	4		3			6				5
2			5		2		7			4
2		6	9			5				4
3		3			8					2
3						2				
		4		3	4	3	2	4	5	

Skyscrapers (304)

	1	4	3		4	3	2	
					6		4		
4		6		8		3			1
3	7						9		2
3			1					3	3
1				1					
4		3				8			3
2			3		6				
2	1		6	9			2		3
2						1			3
	2	6	3	2	1	3	3	5	4

Solution on Page (85)

Puzzle (293)

2	3	1	6	3	1	3	4	2
5	4	2	5	4	5	4	2	5	3
3	6	1	7	2	1	3	7	6	1
1	7	5	3	6	4	2	1	2	4
2	3	6	1	5	7	3	4	5	3
1	4	7	2	4	6	2	6	1	2
3	5	3	6	3	5	3	7	4	6
2	1	2	1	2	7	4	1	3	2
4	3	4	5	4	3	5	7	4
2	5	1	6	1	2	1	2	3	1

Puzzle (294)

4	1	7	1	2	4	2	5	3	1
5	3	5	3	6	7	3	1	2	5
1	7	6	1	2	1	5	4	6	3
6	2	7	4	6	3	2	3	5	4
1	5	3	5	2	7	4	1	7	6
2	4	2	4	3	6	2	3	5	4
3	7	6	1	2	5	1	6	2	1
4	1	5	4	7	4	2	7	4	3
5	2	3	6	3	6	3	1	5	1
4	7	1	2	5	1	2	4	3

Puzzle (295)

4	2	1	3	6	7	4	5	2	1
3	5	6	5	2	1	3	6	4	3
2	4	3	1	4	7	2	1	2	5
3	1	6	2	5	1	5	4	3	4
5	2	4	3	4	3	2	1	7	1
7	3	1	6	5	1	6	5	2	5
5	4	7	2	3	2	1	4	6
2	1	2	3	6	5	4	3	5	3
3	5	4	5	7	3	7	2	4	2
1	2	1	6	2	5	1	6	1	3

Puzzle (296)

1	6	2	1	2	5	3	5	2	3
7	5	3	7	4	1	4	1	7	1
1	4	1	5	3	2	6	5	6	2
3	2	3	2	6	1	3	1	3	4
7	1	5	1	3	4	5	2	5	1
2	4	2	4	6	2	1	4	3	4
6	3	5	7	5	3	6	7	6	2
4	2	4	3	2	4	1	3	1	4
1	6	7	5	1	5	2	5	6	2
3	5	2	6	3	4	1	3	1	7

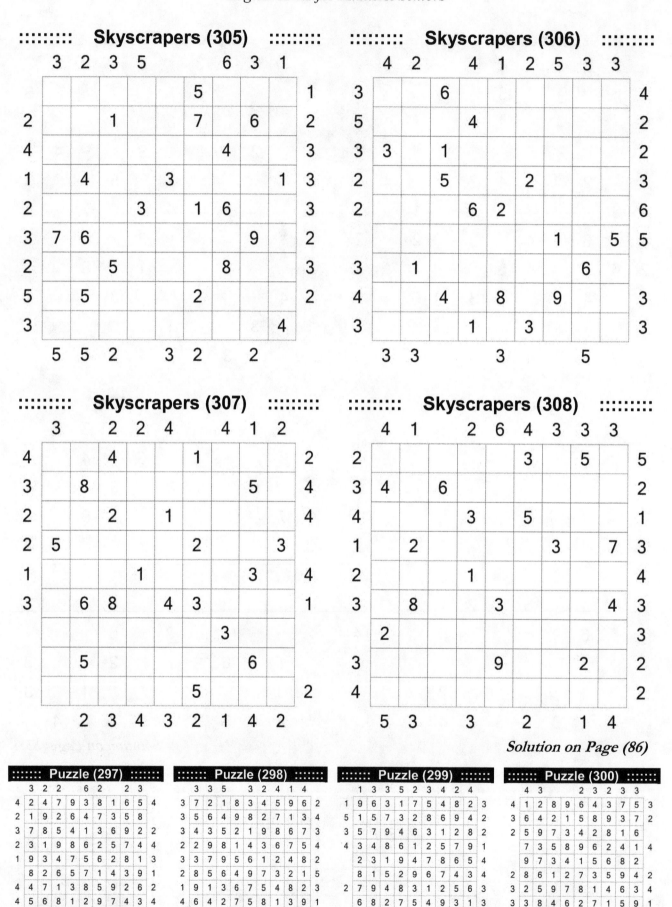

Skyscrapers (309)

	3	4	2	4	3	2	3	1	
4					1				1
5				5					
3					3	2			4
1			6			4		2	5
3	7			2		5			2
2		2	9		6		4		3
2	6				7		3		4
4									
2			2			7			
	2	3	3	1		2	3		

Skyscrapers (310)

	3	1	2		4		2		
		4							4
3				6		3			1
5		6		3				5	2
3	4			9		1			
1		8		3					5
2	2				6	7		3	3
3			8						
		7				6			
5							2		
	3		3	3	2	3		4	2

Skyscrapers (311)

	2	3	2	3	3	4		3	1	
2										1
1										4
				3				5		3
3			4			8			2	4
2		5			2		3			3
6						5				2
				9						3
4		6	8		4		7			
				2						3
	2	4	3	3	4	3	1	2	4	

Skyscrapers (312)

	3	2		2	2	4	1	3	4	
3		8		7		1				2
			4		9		2	3		2
2			5					4		3
3					4					
4	4				9					3
3				2			7			1
1			2			8		6		5
		2			6				5	3
			3			6				2
	3	2	2			3				

Solution on Page (87)

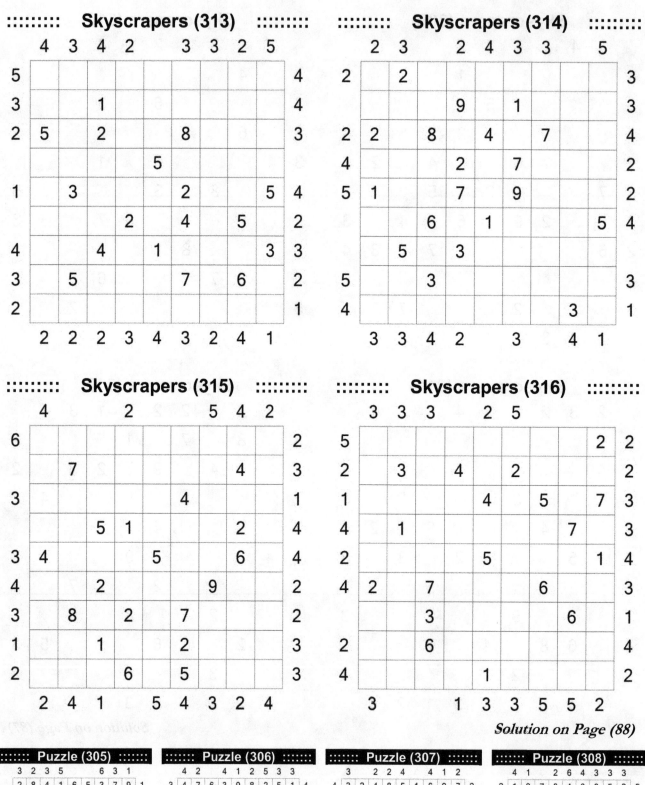

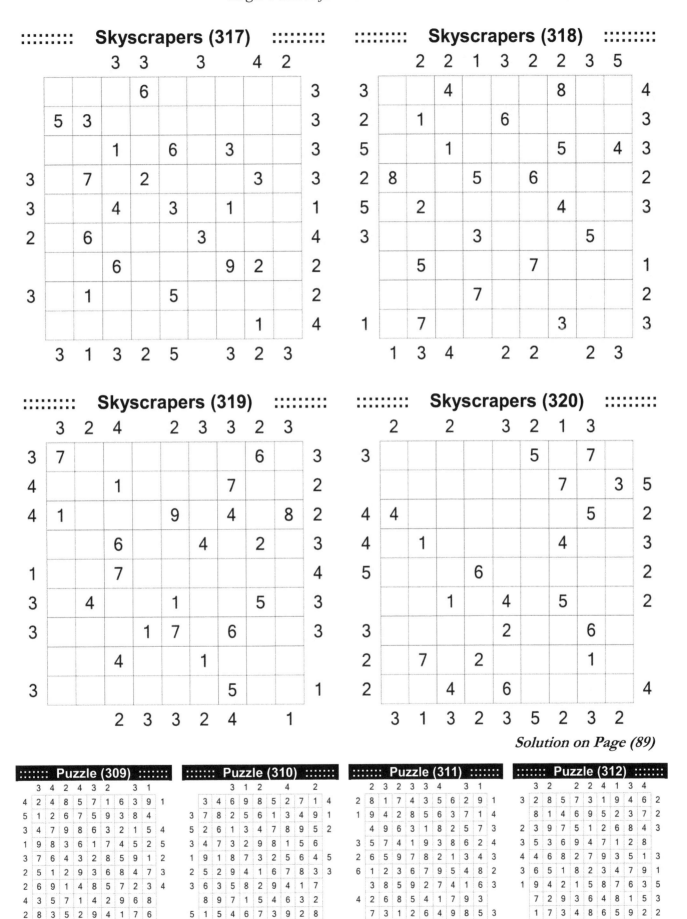

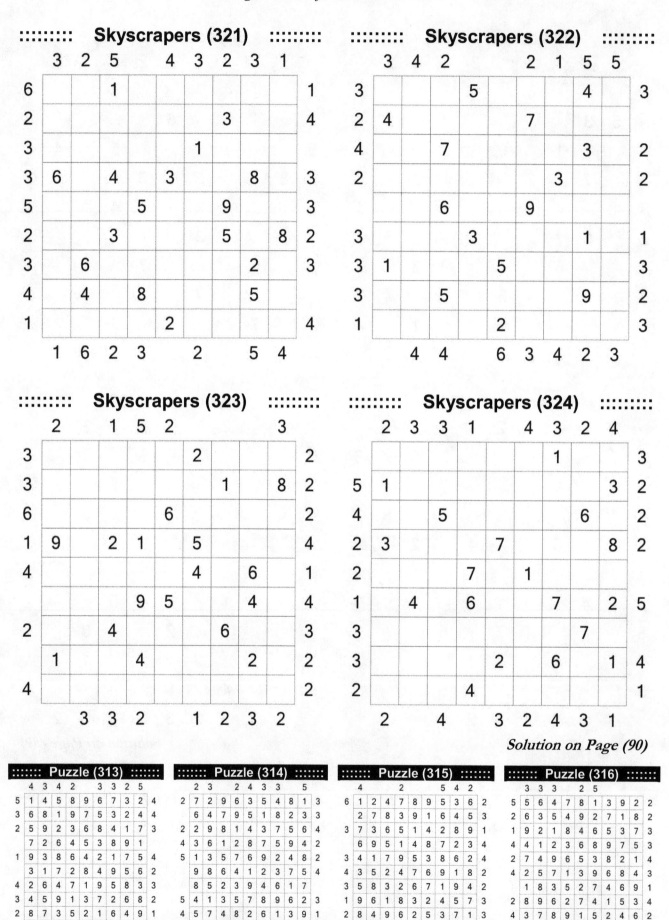

Logic Puzzles for Adults & Seniors

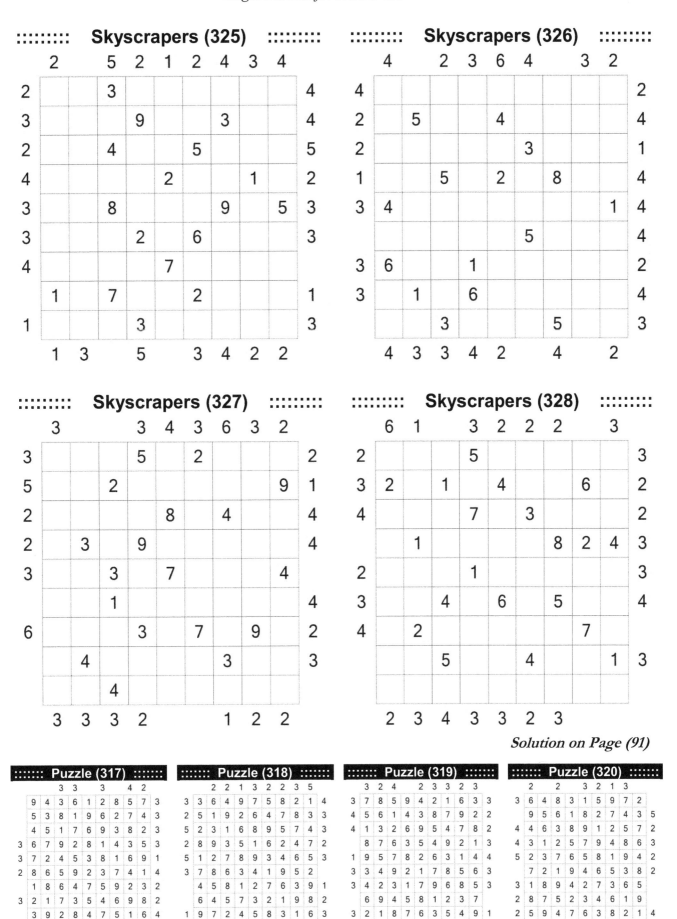

Solution on Page (91)

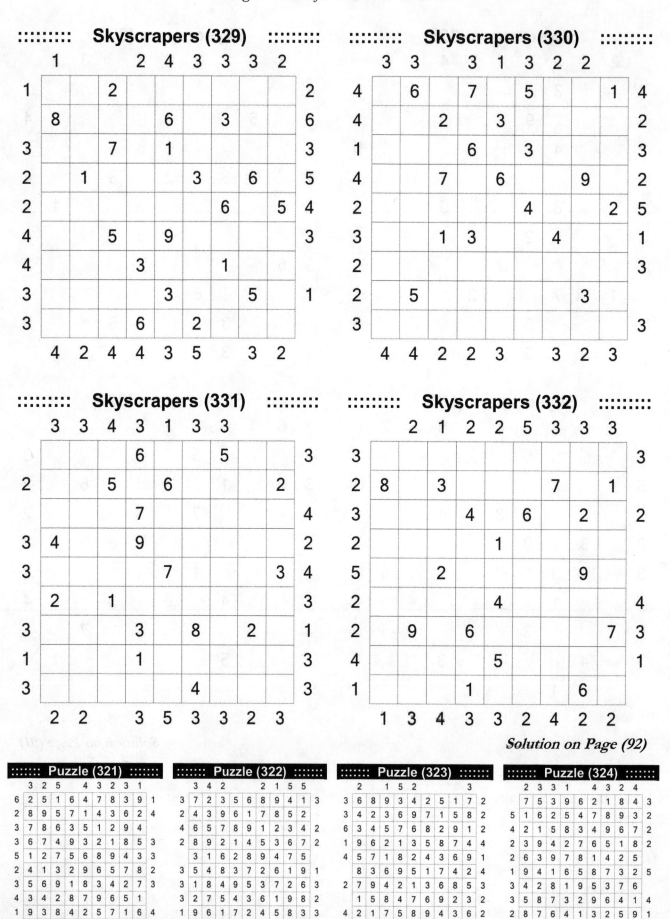

Logic Puzzles for Adults & Seniors

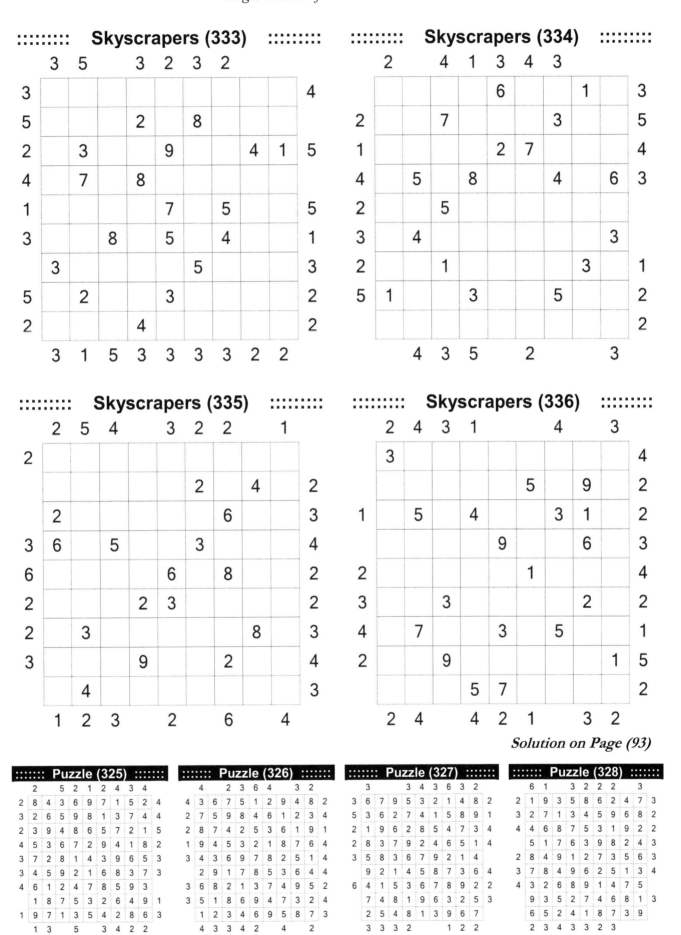

Solution on Page (93)

Logic Puzzles for Adults & Seniors

Numbrix (337)

	18						35
			24				
11		22		2			
			5				
						44	
75	69						
81	79		57				51

Numbrix (338)

	57			67			
							77
			4	1			76
			39			34	32
				17			
	14						24

Numbrix (339)

73	81						
					57		
46	47						
					17		
						3	
35							
		30		22		1	8
33							

Numbrix (340)

79	45						
					6		
				2			
						20	
		74	51				
			52				
		64				17	26

Solution on Page (94)

Numbrix (341)

	43						
						54	
40							
					62		
			71				
				74			
	28						
	1		24		11		
		6					

Numbrix (342)

			64				
			65		1		81
		61					
							77
		55					
	41						
				21		14	
36							
						12	

Numbrix (343)

	79			69			
76					67		
48				60			
						1	
		29					
				9		13	
		24	21		17		
43							

Numbrix (344)

	3		8				
					14		
			21				
34				17			
	37				57	68	
			49				81
	46	47					79

Solution on Page (95)

Puzzle (333)
```
    3 5   3 2 3 2
3 2 4 9 7 8 6 3 1 5 4
5 1 5 7 2 4 8 9 3 6
2 8 3 2 5 9 7 6 4 1 5
4 6 7 4 8 1 9 2 5 3
1 9 8 1 3 7 4 5 6 2 5
3 7 6 8 1 5 3 4 2 9 1
  3 1 6 9 2 5 7 8 4 3
5 4 2 5 6 3 1 8 9 7 2
2 5 9 3 4 6 2 1 7 8 2
    3 1 5 3 3 3 2 2
```

Puzzle (334)
```
    2   4 1 3 4 3
5 8 4 9 6 3 7 1 2 3
2 4 9 7 2 8 6 3 5 1 5
1 9 3 8 6 2 7 1 4 5 4
4 3 5 2 8 9 1 4 7 6 3
2 7 6 5 1 3 9 2 8 4
3 2 4 9 7 1 5 8 6 3
2 8 7 1 5 4 2 6 3 9 1
5 1 2 6 3 7 4 5 9 8 2
  6 1 3 4 1 5 8 9 2 7 2
      4 3 5   2     3
```

Puzzle (335)
```
  2 5 4   3 2 2   1
2 8 2 1 5 4 6 3 7 9
7 6 3 8 1 2 9 4 5 2
2 7 8 3 5 9 6 1 4 3
3 6 8 5 4 9 3 7 2 1 4
6 3 5 4 1 6 7 8 9 2 2
2 1 9 7 2 3 4 5 6 8 2
2 5 3 9 6 2 1 4 8 7 3
3 4 1 6 9 7 8 2 5 3 4
9 4 2 7 5 6 5 1 3 6 3
    1 2 3   2   6   4
```

Puzzle (336)
```
  2 4 3 1     4   3
3 2 6 9 8 4 1 7 5 4
2 6 8 3 1 5 7 9 4 2
1 9 5 2 4 6 7 3 1 8 2
7 8 5 1 9 3 4 6 2 3
2 6 9 7 2 4 1 8 5 3 4
3 4 1 3 8 5 6 9 2 7 2
4 1 7 4 6 3 2 5 8 9 1
2 5 4 9 7 2 8 6 3 1 5
8 3 1 5 7 9 2 4 6 2
  2 4     4 2 1   3 2
```

Numbrix (345)

	1				10		12	
		26		28		32		
81								
	73							
79			61					
				53				
			65				41	

Numbrix (346)

					39			43
			32					
				27		53		
	2			21	58			
						64		
				19				80
	16							

Numbrix (347)

			72					
		70		36				
							9	
	65							
						12		
			40					
						14		
			47					
55			46					

Numbrix (348)

			78					
				80			3	
				34				
	68		47				1	
			37					
65		57				19		
	61		22					

Solution on Page (96)

Puzzle (337)

17	18	19	20	25	26	27	34	35
16	15	14	21	24	1	28	33	36
11	12	13	22	23	2	29	32	37
10	9	8	7	6	3	30	31	38
73	72	67	66	5	4	41	40	39
74	71	68	65	64	63	42	43	44
75	70	69	60	61	62	47	46	45
76	77	78	59	56	55	48	49	50
81	80	79	58	57	54	53	52	51

Puzzle (338)

61	62	63	64	65	66	81	80	79
60	57	56	55	54	67	70	71	78
59	58	3	2	53	68	69	72	77
6	5	4	1	52	51	50	73	76
7	44	45	46	47	48	49	74	75
8	43	42	39	38	35	34	33	32
9	10	41	40	37	36	29	30	31
12	11	16	17	20	21	28	27	26
13	14	15	18	19	22	23	24	25

Puzzle (339)

73	74	81	80	79	64	63	62	61
72	75	76	77	78	65	58	59	60
71	70	69	68	67	66	57	56	55
46	47	48	49	50	51	52	53	54
45	44	43	42	41	18	17	4	5
36	37	38	39	40	19	16	3	6
35	28	27	26	21	20	15	2	7
34	29	30	25	22	13	14	1	8
33	32	31	24	23	12	11	10	9

Puzzle (340)

79	80	45	44	43	42	41	38	37
78	81	46	1	6	7	40	39	36
77	48	47	2	5	8	21	22	35
76	49	50	3	4	9	20	23	34
75	74	51	54	55	10	19	24	33
72	73	52	53	56	11	18	25	32
71	64	63	62	57	12	17	26	31
70	65	66	61	58	13	16	27	30
69	68	67	60	59	14	15	28	29

Numbrix (349)

						79
					76	80
38		46				
						64
			29		51	61
3				7	10		57

Numbrix (350)

						80
	15					
		17	56			
					60	
				51		
		24				39
			26		47	
	1				42		36

Numbrix (351)

81			49			
				42		
73		75			41	
			53		55		34
		63		61		
			13			
1		5		7		23

Numbrix (352)

73	74		4		6	
69						23
	81					
				47		11
				49		
59					34		32

Solution on Page (97)

Puzzle (341)

37	38	43	44	49	50	51	52	53
36	39	42	45	48	57	56	55	54
35	40	41	46	47	58	59	60	61
34	33	68	67	66	65	64	63	62
31	32	69	70	71	72	73	18	17
30	81	80	79	76	75	74	19	16
29	28	27	78	77	22	21	20	15
2	1	26	25	24	23	10	11	14
3	4	5	6	7	8	9	12	13

Puzzle (342)

49	50	63	64	67	68	69	70	71
48	51	62	65	66	1	80	81	72
47	52	61	60	59	2	79	78	73
46	53	56	57	58	3	4	77	74
45	54	55	26	25	24	5	76	75
44	41	40	27	22	23	6	7	8
43	42	39	28	21	20	15	14	9
36	37	38	29	30	19	16	13	10
35	34	33	32	31	18	17	12	11

Puzzle (343)

77	78	79	80	81	70	69	66	65
76	75	74	73	72	71	68	67	64
49	50	53	54	57	58	61	62	63
48	51	52	55	56	59	60	3	2
47	34	33	32	31	6	5	4	1
46	35	36	29	30	7	8	11	12
45	38	37	28	23	22	9	10	13
44	39	40	27	24	21	18	17	14
43	42	41	26	25	20	19	16	15

Puzzle (344)

1	2	3	6	7	8	9	10	11
32	31	4	5	20	19	14	13	12
33	30	25	24	21	18	15	72	73
34	29	26	23	22	17	16	71	74
35	28	27	54	55	56	69	70	75
36	37	38	53	52	57	68	67	76
43	42	39	50	51	58	65	66	77
44	41	40	49	60	59	64	81	78
45	46	47	48	61	62	63	80	79

Numbrix (353)

79			75					
	60							
		46			2			
				32				
			30					
55								
		41				25		13

Numbrix (354)

							2	
73	59						24	
							18	
75							28	
								32
				54	47			
								36
79	80	51						

Numbrix (355)

					80	81		
56			66					
		62		64				
	48							
14		17		36				
	11							
	3			30				

Numbrix (356)

				57				
								30
65								
	47							
			39				21	
	2	3			24			
81			8					
					11	17		

Solution on Page (98)

Logic Puzzles for Adults & Seniors

Numbrix (357)

57								
		42				46		
					30			
62								
			38				20	
						25		
			71					
81							2	

Numbrix (358)

					5	4		1
								77
	13						63	
			55					
	19							
							69	
				33		47		
								43
		31						

Numbrix (359)

			56		45			
					52			
					33			
73		63						5
					15			
							3	
	77			28				

Numbrix (360)

	2					23		
6								
				35				29
		14	17		37			
							63	
						67		
							69	
47			80					

Solution on Page (99)

Puzzle (349)

41	42	43	72	73	74	77	78	79
40	39	44	71	70	75	76	81	80
37	38	45	46	69	68	67	66	65
36	33	32	47	48	49	50	63	64
35	34	31	30	29	28	51	62	61
22	23	24	25	26	27	52	53	60
21	20	19	16	15	14	13	54	59
2	1	18	17	8	9	12	55	58
3	4	5	6	7	10	11	56	57

Puzzle (350)

13	14	75	76	77	78	79	80	81
12	15	74	73	72	71	70	69	68
11	16	17	56	57	58	59	66	67
10	19	18	55	54	53	60	65	64
9	20	21	22	51	52	61	62	63
8	7	24	23	50	49	48	39	38
5	6	25	26	45	46	47	40	37
4	1	28	27	44	43	42	41	36
3	2	29	30	31	32	33	34	35

Puzzle (351)

81	78	77	50	49	44	43	38	37
80	79	76	51	48	45	42	39	36
73	74	75	52	47	46	41	40	35
72	71	70	53	54	55	32	33	34
67	68	69	60	59	56	31	30	29
66	63	62	61	58	57	18	19	28
65	64	13	14	15	16	17	20	27
2	3	12	11	10	9	22	21	26
1	4	5	6	7	8	23	24	25

Puzzle (352)

73	74	75	4	5	6	19	20	21
72	71	76	3	2	7	18	17	22
69	70	77	78	1	8	9	16	23
68	81	80	79	46	45	10	15	24
67	66	53	52	47	44	11	14	25
64	65	54	51	48	43	12	13	26
63	62	55	50	49	42	41	28	27
60	61	56	37	38	39	40	29	30
59	58	57	36	35	34	33	32	31

Numbrix (361)

	76							
	73							
				52		50		
			61		42			
				39				
			29			35		
					24		3	
				10		5		

Numbrix (362)

					33		31	8
20								
21							6	
		71			58		47	
		78				56		
			64					

Numbrix (363)

							9	
			27		29			
						12		
				37				
		49						
66								
		54		46				3
			52				77	
					81			

Numbrix (364)

				27				19
				39				
		47						
			49	50				11
		69						
		75			81			
73							1	

Solution on Page (100)

Puzzle (353)

79	78	77	76	75	74	73	72	71
80	81	62	63	66	67	68	69	70
59	60	61	64	65	4	5	6	7
58	47	46	35	34	3	2	1	8
57	48	45	36	33	32	19	18	9
56	49	44	37	30	31	20	17	10
55	50	43	38	29	22	21	16	11
54	51	42	39	28	23	24	15	12
53	52	41	40	27	26	25	14	13

Puzzle (354)

71	70	7	6	5	4	3	2	1
72	69	8	9	10	11	20	21	22
73	68	59	58	13	12	19	24	23
74	67	60	57	14	17	18	25	26
75	66	61	56	15	16	29	28	27
76	65	62	55	46	45	30	31	32
77	64	63	54	47	44	43	34	33
78	81	52	53	48	41	42	35	36
79	80	51	50	49	40	39	38	37

Puzzle (355)

57	58	59	68	69	70	71	80	81
56	55	60	67	66	65	72	79	78
53	54	61	62	63	64	73	74	77
52	49	48	45	44	43	42	75	76
51	50	47	46	19	20	41	40	39
14	15	16	17	18	21	36	37	38
13	12	11	10	23	22	35	34	33
6	7	8	9	24	25	28	29	32
5	4	3	2	1	26	27	30	31

Puzzle (356)

63	62	61	60	59	58	57	32	31
64	51	52	53	54	55	56	33	30
65	50	49	42	41	36	35	34	29
66	47	48	43	40	37	26	27	28
67	46	45	44	39	38	25	22	21
68	69	2	3	6	7	24	23	20
81	70	1	4	5	8	13	14	19
80	71	72	73	74	9	12	15	18
79	78	77	76	75	10	11	16	17

Numbrix (365)

25							1
			33			7	
	39				13		
			66				
	47	45					
49							
55		58	73				81

Numbrix (366)

27		25			21		
		31					
						17	
		41					5
						7	
45				62			67
					79		

Numbrix (367)

				13		
	77				19	
		3		21		
	79					
		1		32		
					38	
		64		54		
			56		50	45

Numbrix (368)

	66					2
		48		73		
63						
				79		
		53		80		
					18	17
		57		41		
				39		
		33				

Solution on Page (101)

Puzzle (357)

57	56	55	54	53	52	51	50	49
58	59	42	43	44	45	46	47	48
61	60	41	40	31	30	17	16	15
62	65	66	39	32	29	18	19	14
63	64	67	38	33	28	21	20	13
78	77	68	37	34	27	22	23	12
79	76	69	36	35	26	25	24	11
80	75	70	71	6	7	8	9	10
81	74	73	72	5	4	3	2	1

Puzzle (358)

11	10	7	6	5	4	3	2	1
12	9	8	81	80	79	78	77	76
13	14	15	56	57	62	63	64	75
18	17	16	55	58	61	66	65	74
19	20	21	54	59	60	67	68	73
24	23	22	53	52	51	50	69	72
25	26	33	34	47	48	49	70	71
28	27	32	35	46	45	44	43	42
29	30	31	36	37	38	39	40	41

Puzzle (359)

69	68	57	56	47	46	45	44	43
70	67	58	55	48	49	50	41	42
71	66	59	54	53	52	51	40	39
72	65	60	61	32	33	36	37	38
73	64	63	62	31	34	35	6	5
74	75	24	25	30	15	14	7	4
81	76	23	26	29	16	13	8	3
80	77	22	27	28	17	12	9	2
79	78	21	20	19	18	11	10	1

Puzzle (360)

1	2	3	20	21	22	23	26	27
6	5	4	19	34	33	24	25	28
7	12	13	18	35	32	31	30	29
8	11	14	17	36	37	58	59	60
9	10	15	16	39	38	57	62	61
44	43	42	41	40	55	56	63	64
45	50	51	52	53	54	67	66	65
46	49	78	77	76	75	68	69	70
47	48	79	80	81	74	73	72	71

Numbrix (369)

25			19		3		5
	27						
	40						
36		42			68		
			51			76	
			63		65		81

Numbrix (370)

						69	
	79						
			74				
						62	25
				34			29
	46						
	45					10	
				5	8		12

Numbrix (371)

			50				
				37			
	58		48				
	71						
			65				
				1	24		17
					8	12	
		81					

Numbrix (372)

1		10					
						16	
			26		34		
				66			52
				65			
79		81					

Solution on Page (102)

Logic Puzzles for Adults & Seniors

Numbrix (373)

5		1						
		2						
				52				
				50		66		
				46				
		27	32			76		
			38					
21				36				

Numbrix (374)

			80					37
							30	
		53	52		2			34
		56		58				17
			64			7		
			63					15

Numbrix (375)

	50		52		54			
			37		57			
	7			35				
		9						
					68			
				32		74		
		20						
	16				81			

Numbrix (376)

2				12			53	
		4				55		
				45				
23								
			37		43		63	
				77				
							71	
31								

Solution on Page (103)

Puzzle (365)

25	24	23	22	21	20	3	2	1
26	29	30	31	32	19	4	5	6
27	28	37	36	33	18	15	14	7
40	39	38	35	34	17	16	13	8
41	42	43	44	65	66	67	12	9
48	47	46	45	64	63	68	11	10
49	50	51	60	61	62	69	78	79
54	53	52	59	72	71	70	77	80
55	56	57	58	73	74	75	76	81

Puzzle (366)

27	26	25	24	23	22	21	20	1
28	29	30	31	32	13	14	19	2
37	36	35	34	33	12	15	18	3
38	39	40	57	58	11	16	17	4
43	42	41	56	59	10	9	8	5
44	51	52	55	60	63	64	7	6
45	50	53	54	61	62	65	66	67
46	49	74	73	72	71	70	69	68
47	48	75	76	77	78	79	80	81

Puzzle (367)

75	76	7	8	9	12	13	14	15
74	77	6	5	10	11	20	19	16
73	78	3	4	25	24	21	18	17
72	79	2	27	26	23	22	35	36
71	80	1	28	29	32	33	34	37
70	81	60	59	30	31	40	39	38
69	62	61	58	53	52	41	42	43
68	63	64	57	54	51	48	47	44
67	66	65	56	55	50	49	46	45

Puzzle (368)

65	66	67	68	71	72	1	2	3
64	49	48	69	70	73	74	5	4
63	50	47	46	77	76	75	6	7
62	51	52	45	78	79	10	9	8
61	54	53	44	81	80	11	12	13
60	55	56	43	42	19	18	17	14
59	58	57	40	41	20	21	16	15
36	37	38	39	30	29	22	23	24
35	34	33	32	31	28	27	26	25

Logic Puzzles for Adults & Seniors

Numbrix (377)

					75	74		
63		61		44				
54	51				32		28	
		11						
							24	
3							23	

Numbrix (378)

			8				17
		1				14	
		35					
38							
							26
		52					70
				63			
							76
47				81			

Numbrix (379)

				36		27
48				35		
	50	41				
80						
	54			62		
						21
	69			11	3	

Numbrix (380)

	70						
			54		51		
	81	78					
						4	
		30		39			
23			33		2		
						8	

Solution on Page (104)

Puzzle (369)

25	24	23	22	19	18	3	4	5
26	27	28	21	20	17	2	1	6
33	32	29	14	15	16	9	8	7
34	31	30	13	12	11	10	71	72
35	40	41	46	47	48	69	70	73
36	39	42	45	50	49	68	75	74
37	38	43	44	51	52	67	76	77
58	57	56	55	54	53	66	79	78
59	60	61	62	63	64	65	80	81

Puzzle (370)

81	78	77	72	71	70	69	22	21
80	79	76	73	66	67	68	23	20
53	54	75	74	65	64	63	24	19
52	55	56	57	58	61	62	25	18
51	50	37	36	59	60	27	26	17
48	49	38	35	34	33	28	29	16
47	46	39	2	1	32	31	30	15
44	45	40	3	6	7	10	11	14
43	42	41	4	5	8	9	12	13

Puzzle (371)

55	54	51	50	45	44	43	42	41
56	53	52	49	46	37	38	39	40
57	58	59	48	47	36	35	34	33
72	71	60	61	62	29	30	31	32
73	70	67	66	63	28	27	20	19
74	69	68	65	64	25	26	21	18
75	76	3	2	1	24	23	22	17
78	77	4	5	8	9	12	13	16
79	80	81	6	7	10	11	14	15

Puzzle (372)

1	6	7	10	11	14	15	44	45
2	5	8	9	12	13	16	43	46
3	4	23	22	21	20	17	42	47
74	73	24	29	30	19	18	41	48
75	72	25	28	31	32	39	40	49
76	71	26	27	34	33	38	51	50
77	70	67	66	35	36	37	52	53
78	69	68	65	62	61	58	57	54
79	80	81	64	63	60	59	56	55

Logic Puzzles for Adults & Seniors

Numbrix (381)

		14						
	9		16				28	
3	10				23			
58			62			37		
	80		77					

Numbrix (382)

							77	
	42			1				
			3					
						55		73
		30						
			8			63		
22		24						
	20				15			67

Numbrix (383)

	29		36					
				43		49		
22		2			79			
			74	73	80			
18			70					
				68				
				64				
13	12							

Numbrix (384)

	7		62					
		76						
				53				
					49			
	1		42					
21						29		33

Solution on Page (105)

Puzzle (373)

5	4	1	56	57	58	61	62	63
6	3	2	55	54	59	60	81	64
7	8	9	10	53	52	51	80	65
14	13	12	11	48	49	50	79	66
15	16	29	30	47	46	45	78	67
18	17	28	31	40	41	44	77	68
19	26	27	32	39	42	43	76	69
20	25	24	33	38	37	74	75	70
21	22	23	34	35	36	73	72	71

Puzzle (374)

77	78	79	80	81	40	39	38	37
76	75	44	43	42	41	28	29	36
73	74	45	46	1	26	27	30	35
72	53	52	47	2	25	24	31	34
71	54	51	48	3	22	23	32	33
70	55	50	49	4	21	20	19	18
69	56	57	58	5	6	11	12	17
68	65	64	59	60	7	10	13	16
67	66	63	62	61	8	9	14	15

Puzzle (375)

49	50	51	52	53	54	55	60	61
48	47	46	41	40	39	56	59	62
5	6	45	42	37	38	57	58	63
4	7	44	43	36	35	66	65	64
3	8	9	24	25	34	67	70	71
2	11	10	23	26	33	68	69	72
1	12	21	22	27	32	75	74	73
14	13	20	19	28	31	76	77	78
15	16	17	18	29	30	81	80	79

Puzzle (376)

1	6	7	10	11	48	49	50	51
2	5	8	9	12	47	54	53	52
3	4	15	14	13	46	55	56	57
22	21	16	39	40	45	60	59	58
23	20	17	38	41	44	61	64	65
24	19	18	37	42	43	62	63	66
25	26	27	36	77	76	73	72	67
30	29	28	35	78	75	74	71	68
31	32	33	34	79	80	81	70	69

Binary (385)

			0		1	1			
0				0					
		1			1				
	0	0			1				
	0			0					
					1				
1		1			1				
	0						0		
									0
1	1								

Binary (386)

				1					
			0	0					1
				0					1
			0					0	
						1			
0		1							
			1				1		1
0	0			1					
							0	0	0
		0				0			

Binary (387)

0		1					0		
								1	
0				0	0				
			0						
				1		1	1		
		1		1					
1	1								
				1				0	
1				1					
					1				

Binary (388)

	1						1	1	
					0				1
0			1						
0					0				
			1						
0		1							1
1				0					
1	1								
					1		0		

Solution on Page (106)

Binary (389)

	0				1		1	
			1					
0			1					
		0			1	1		1
		0						
1		0						
				0		0		
	1	0		0				0
1	1		1					

Binary (390)

1						1		1
1				1				
								1
	1		1					
							0	0
						1		0
			1	1				
						1		1
					0			0

Binary (391)

		0		1				
0		0						
0				1		0		
					0			
		1						
	0		1					
			1		1			1
								1
1	1							
1	1			0	0		0	

Binary (392)

	1			0		1		
			1					
		1		0		0		1
0				0				
	1							
							0	0
	1			0			0	0
1		0				0	0	

Solution on Page (107)

Puzzle (381)

5	6	7	14	15	20	21	26	27
4	9	8	13	16	19	22	25	28
3	10	11	12	17	18	23	24	29
2	1	54	53	50	49	34	33	30
57	56	55	52	51	48	35	32	31
58	59	60	61	62	47	36	37	38
67	66	65	64	63	46	45	44	39
68	69	70	71	72	73	74	43	40
81	80	79	78	77	76	75	42	41

Puzzle (382)

39	40	45	46	49	50	79	80	81
38	41	44	47	48	51	78	77	76
37	42	43	2	1	52	57	58	75
36	33	32	3	4	53	56	59	74
35	34	31	6	5	54	55	60	73
28	29	30	7	10	11	62	61	72
27	26	25	8	9	12	63	70	71
22	23	24	17	16	13	64	69	68
21	20	19	18	15	14	65	66	67

Puzzle (383)

27	28	29	34	35	36	37	46	47
26	25	30	33	40	39	38	45	48
23	24	31	32	41	42	43	44	49
22	1	2	3	76	77	78	79	50
21	20	5	4	75	74	73	80	51
18	19	6	7	70	71	72	81	52
17	16	9	8	69	68	67	66	53
14	15	10	61	62	63	64	65	54
13	12	11	60	59	58	57	56	55

Puzzle (384)

9	8	73	72	71	70	69	68	67
10	7	74	75	62	63	64	65	66
11	6	5	76	61	60	59	58	57
12	13	4	77	52	53	54	55	56
15	14	3	78	51	50	49	48	47
16	1	2	79	42	43	44	45	46
17	18	81	80	41	38	37	36	35
20	19	24	25	40	39	30	31	34
21	22	23	26	27	28	29	32	33

Binary (393)

				0	0			1
0		0	0					
0								
		1		1				
								0
	0		0			1		
			0		0		0	
	1	1						
							1	
		1			1			

Binary (394)

							1	
	0		0					
1		0				1		
1			0					
	0		0		0			
	0				1		1	
				0				
0		0						
	1			1				0
1							1	

Binary (395)

1						1	1
			0		1		
				0		1	
	0						
	0					1	1
1							
		0	0				
1		0		1			
1							
					0		

Binary (396)

								0
		1		1				
		1						
			0		0			
				1				
				1			1	
		0						
	1					1	1	
		1	1				0	0
1	1		0					

Solution on Page (108)

Puzzle (385)

0	0	1	0	0	1	1	0	1	1
0	0	1	0	1	0	1	0	1	1
1	1	0	1	0	1	0	1	0	0
1	0	0	1	0	0	1	1	0	1
0	0	1	0	1	1	0	0	1	1
0	1	1	0	1	0	0	1	1	0
1	1	0	1	0	0	1	1	0	0
0	0	1	1	0	1	1	0	0	1
1	1	0	0	1	1	0	0	1	0
1	1	0	1	1	0	0	1	0	0

Puzzle (386)

1	0	0	1	1	0	0	1	0	1
0	0	1	1	0	0	1	0	1	1
0	1	1	0	0	1	0	1	1	0
1	1	0	0	1	0	1	0	0	1
0	0	1	1	0	1	1	0	1	0
0	1	1	0	1	1	0	0	1	0
0	0	1	0	1	0	1	1	0	1
0	1	1	0	1	0	1	0	0	1
1	0	0	1	0	1	1	0	1	0
1	1	0	0	1	0	0	1	0	1

Puzzle (387)

0	0	1	1	0	0	1	0	1	1
1	0	0	1	0	1	0	1	1	0
0	1	1	0	1	0	0	1	0	1
0	0	1	0	0	1	1	0	1	1
1	0	0	1	1	0	1	1	0	0
0	1	1	0	1	1	0	0	1	0
1	1	0	1	0	1	0	0	0	1
0	0	1	0	1	1	0	1	1	0
1	1	0	1	0	1	0	0	1	0
1	1	0	1	0	1	0	1	0	0

Puzzle (388)

1	1	0	0	1	0	0	1	0	1
1	0	0	1	0	0	1	0	1	1
0	0	1	0	1	1	0	1	1	0
0	1	0	1	0	0	1	1	0	1
1	0	1	0	1	0	1	0	1	0
0	0	1	1	0	0	1	0	1	1
0	1	0	1	0	1	1	0	1	0
1	0	1	0	1	1	0	0	0	1
1	1	0	1	0	1	0	1	0	0
0	1	1	0	1	1	0	0	1	0

Logic Puzzles for Adults & Seniors

Binary (397)

	0								
		1			0				
	0		0						
				1		0			
						1			
1	1			0	1		1		
		1	1						
1									
1			1						

Binary (398)

0				1		1			
		0							
0		1				1			0
0			0						
									1
				1	1				
	0							1	
				1	0				
				1				0	0
								0	

Binary (399)

			0	0			1
		0		1			0
		0	0		1		0
	1						
						0	
		0					
		0		1		0	1
1					0		
1	1			0			

Binary (400)

	1					1	1
0			1			1	1
					0		
							1
		0	1		0		1
					0		
		0				1	
						0	
1	1			0			
			1		0		

Solution on Page (109)

Logic Puzzles for Adults & Seniors

Binary (401)

1			1				1		
						1	1		
0	1				0				
					0				
0		1							
				0			1	1	
	0	1							
					1				
	1		1	0		1		0	
	1				0				

Binary (402)

0	1				0		0		
		1			0				
				0			1		0
			1				1	1	
				0			0		
		1							
		0			0				
0			0						
1			0						
1	1								

Binary (403)

			0		0	1			
		1		1		1	1		
			1	1					
	0		0					1	
		1				0			
			0						
						0			
1				1					
				1					
			0		1				0

Binary (404)

		1				1			
		0					1		
			1						0
0									
					0				
		0			0		1	0	0
	1	1							
			1	1				0	
1		1		0	0				1

Solution on Page (110)

Logic Puzzles for Adults & Seniors

Binary (405)

			0	1					
		0		0	1				
0									
		0		0			1		
	1			1					
					0		0		1
1			1						
							0		
1	1			0					
					0			0	0

Binary (406)

						0			
				0	0		0		
				1					
					1				0
		1		0		0			0
		1							
				1		1			
1	1							0	
1	1								

Binary (407)

			0	0		1		1	1
	0					1			1
0									
	0		1		0			1	1
				1					
0				1	0				
		1							
	0						0		0
			1						

Binary (408)

		1							1
0						1	1		
		1		1			1		
			1	1					
				1					0
		1			1				1
		0							
						1			
		1			1		1	1	
1				0					

Solution on Page (111)

Puzzle (397)

1	0	0	1	0	0	1	0	1	1
0	1	1	0	0	1	0	1	1	0
0	0	1	0	1	1	0	1	0	1
1	0	0	1	1	0	1	0	1	0
0	1	1	0	0	1	0	0	1	1
0	0	1	0	1	0	1	1	0	1
1	1	0	1	0	1	0	1	0	0
0	0	1	1	0	1	1	0	1	0
1	1	0	0	1	0	1	0	0	1
1	1	0	1	1	0	0	1	0	0

Puzzle (398)

0	1	0	0	1	0	1	0	1	1
1	0	1	0	0	1	0	1	0	1
0	0	1	1	0	1	1	0	1	0
0	1	0	0	1	0	1	1	0	1
1	0	1	0	0	1	0	0	1	1
1	0	1	1	0	1	1	0	0	0
0	1	0	1	1	0	0	1	0	1
0	0	1	0	1	0	1	0	1	1
1	1	0	1	0	1	0	0	1	0
1	1	0	1	0	0	1	1	0	0

Puzzle (399)

1	0	0	1	0	0	1	0	1	1
0	0	1	0	1	0	1	1	0	1
0	1	0	0	1	1	0	1	1	0
0	0	1	1	0	1	0	0	1	1
0	1	1	0	1	0	1	0	0	1
0	0	1	1	0	1	0	1	0	1
1	1	0	0	1	0	0	1	1	0
0	1	0	0	1	1	0	0	0	1
1	1	0	1	0	0	1	1	0	0
1	1	0	1	1	0	1	0	0	0

Puzzle (400)

0	0	1	0	0	1	1	0	1	1
0	0	1	0	1	0	1	0	1	1
1	1	0	1	0	1	0	1	0	0
0	0	1	0	1	0	1	1	0	1
0	1	0	1	0	1	0	0	1	1
1	0	1	1	0	1	0	1	0	0
1	1	0	0	1	0	1	1	0	0
0	0	1	0	1	1	0	0	1	1
1	1	0	1	0	0	1	1	0	0
1	0	1	1	0	0	1	0	0	0

Binary (409)

	0								
	0								
		0					0		
	0			0					
1			0						
0					1				
		1					0		
		1		1	1				
1				0	0		0		
1									

Binary (410)

					1	1		1	1
	1								
			0						
			1						
1	1	1							
0		0	1						
					0				
			1						
1		1						0	
1	1								

Binary (411)

									1
		1	1			0			
							1		
			1					1	
						0			
			1	1	0				
	1			1				0	
					0				
1	1								
				0	0	0			

Binary (412)

	0	0			0				
			0	0	1				
	0			1					
	0								
1									
1	1			1	0				
				1	0				
			0					0	
1	1								

Solution on Page (112)

Puzzle (401)

1	0	1	0	1	0	0	1	0	1
0	0	1	0	0	1	1	0	1	1
0	1	0	1	1	0	0	1	1	0
1	0	1	0	1	1	0	1	0	0
0	0	1	1	0	1	1	0	0	1
0	1	0	0	1	0	1	0	1	1
1	1	0	1	0	1	0	1	0	0
0	0	1	0	1	0	1	0	1	1
1	1	0	1	0	0	1	1	0	0
1	1	0	1	0	1	0	0	1	0

Puzzle (402)

0	1	0	0	1	0	1	0	1	1
0	0	1	0	1	0	1	0	1	1
1	0	1	1	0	1	0	1	0	0
0	1	0	1	0	1	0	1	1	0
1	0	1	0	1	1	0	0	1	0
0	0	1	1	0	1	1	0	1	0
1	1	0	0	1	0	0	1	0	1
0	0	1	0	0	1	1	0	1	1
1	1	0	1	0	1	1	0	0	0
1	1	0	1	1	0	0	1	0	0

Puzzle (403)

1	0	1	0	0	1	0	1	1	0
0	0	1	0	1	1	0	1	1	0
1	1	0	1	1	0	1	0	0	1
0	0	1	0	1	0	1	0	1	1
0	0	1	1	0	1	0	1	0	1
1	1	0	1	0	0	1	0	1	0
0	1	0	0	1	0	1	1	0	1
1	0	1	1	0	0	0	1	0	0
0	1	0	1	1	0	0	0	1	0
1	1	0	0	1	1	0	1	0	0

Puzzle (404)

0	1	0	0	1	1	0	1	1	0
0	0	1	0	0	1	1	0	1	1
1	0	0	1	1	0	0	1	0	1
0	1	0	1	0	1	1	0	1	0
0	0	1	0	1	1	0	1	0	1
1	1	0	0	1	0	1	0	1	0
1	0	1	1	0	0	1	1	0	0
0	1	1	0	0	1	0	0	1	1
1	1	0	1	0	0	1	1	0	0
1	0	1	1	0	0	1	0	0	1

Logic Puzzles for Adults & Seniors

Binary (413)

	0								
	0		1	1				1	
		0	0					0	
					1				
0	0							0	
					0				
		1							
0								0	
		1			1				
	0								

Binary (414)

0				1					
	0		1		1	1			
	0						0		0
0			0		0				
						1		1	
			0						
					0				
					1				
			0				0		0
	0	1							0

Binary (415)

						0			
					0			1	
0									
			1	1				1	
			1		1				
		0							
1	1								0
			0	1			1		
	1		0						0
			1				0	0	

Binary (416)

				1	1		1		
	0	0							1
				0					
				0				1	1
		1							
				0				1	1
	1		0			1			
	1						1		
		1				0			0
1									

Solution on Page (113)

Binary (417)

0									
			1		0	0		1	
		0							
		1				0		1	
	1			0					
						0			
			1	1					
				0	0				
1	1								
		0						0	

Binary (418)

0			0						
	0		0				1		1
	1								
			0			0			1
			1		0				
				0					
1		0						0	
							1		
1	1								
			0		1				

Binary (419)

	0			1					
	0								1
				0					
0	0								
									1
	1	1				0			
1			1			0			
		0		0					
					0	0			
				0				0	0

Binary (420)

				1	1				1
		1		0	1		0		1
0	0								
		0		0		0			
						0	0		
		0							
				1					1
	1				0		1		
				1				0	

Solution on Page (114)

Logic Puzzles for Adults & Seniors

Minesweeper (421)

	2	2		3			2		
2			3		3		4		5	3
		2						2	
1				1	4		6		4	3
	2		1			5			2	
1		2				5		3		1
					4			3	3	
	3	5		5		5			4		2
3									4
				2		4		3		
3	3	4			2			3		4	
		3							2

Minesweeper (422)

	1		3			2			1
		3			3	2		2		2
		3		5		3		1		3
3		5					3		2		1
2		6				3		2		1	
	3			3					1	
1				3		1				4
	2		2					2		
			4			2			3	2
2		1			1	3		3		
	1			2	3			2	1	
		1				4				1

Minesweeper (423)

		2	1					2	
	3	3			4			2		2
3					3			1		
	3		5		3	1		2		
			4			2			3	
		5		4				2	2		2
2			2			3			2	
	3				2			2		
2					6		3			1
2		4	4					2		
	4		3						1
			1	2	3	3	2		

Minesweeper (424)

	2		3		2			2	2
		5			1		1	2		
1				1					4
	3	3		1				3		2
				2		4			3	
	3		2		2		2			1
1			2				2		2		2
1	3			2						1
1	2				2	1	1			3	
		2				2		3		
		1						4		1
1	1				2	1	2			2	

Solution on Page (115)

Puzzle (413)

1	0	0	1	0	0	1	0	1	1
0	0	1	0	1	1	0	1	0	1
0	1	1	0	0	1	1	0	1	0
1	0	0	1	1	0	0	1	0	1
0	0	1	1	0	1	0	1	1	0
0	1	1	0	1	0	1	0	1	0
1	1	0	1	0	0	1	0	0	1
0	0	1	0	1	1	0	1	1	0
1	1	0	1	0	1	1	0	1	0
1	1	0	0	1	0	1	0	0	1

Puzzle (414)

0	1	0	0	1	0	1	0	1	1
0	1	0	1	0	1	1	0	0	1
1	0	1	1	0	1	0	0	1	0
0	1	0	0	1	0	1	0	1	0
0	0	1	1	0	1	1	0	1	0
1	0	0	1	0	1	0	1	0	1
1	1	0	1	1	0	0	1	0	0
0	0	1	0	1	0	1	0	1	1
1	1	0	1	0	1	0	1	0	0
1	1	0	0	1	0	1	0	1	0

Puzzle (415)

0	0	1	1	0	0	1	0	1	1
1	0	1	1	0	0	1	0	1	0
0	1	0	1	0	1	1	0	1	0
1	0	1	1	0	0	1	1	0	1
1	0	1	0	1	1	1	0	0	0
0	1	0	1	0	1	0	1	0	1
1	1	0	0	1	0	1	0	1	0
0	0	1	0	1	1	0	0	1	1
1	0	0	1	1	0	1	1	0	0
1	1	0	1	1	1	0	0	0	0

Puzzle (416)

0	0	1	0	0	1	1	0	1	1
1	1	0	0	1	0	0	1	0	1
0	0	1	1	0	1	1	0	1	0
0	0	1	0	1	0	1	0	1	1
1	1	0	1	0	1	0	1	0	0
0	1	0	0	1	0	1	0	1	1
1	0	1	1	0	1	0	1	0	0
0	0	1	0	1	1	0	1	0	1
1	1	0	1	0	0	1	0	1	0
1	0	1	1	0	0	1	0	0	0

Logic Puzzles for Adults & Seniors

Minesweeper (425)

	2			2	3			2		
1		2					3		2	
						6		2		
	3		2		3			4		2
3		3		4					2	
		4			3			5		2
		4		5		3				1
	3				1		1		3	3
2									3	
1		4								1
	1		2	5			7		4	1
	1	1				4		2		

Minesweeper (426)

	2		4		3		2		4	2
2		3				2				
2		2			4		5		7	
			1	3			4			4
2				5	6					
2		4							5	3
	3		4		5	5		3		
	3	2			3				3	3
	2		2					2		3
1			3	5		4			1	2
		4					2		2	
	2				3	2			2	1

Minesweeper (427)

	1			3		2		3		2	
		2		4				3			2
	1		2			2				4	1
	2				2				4		
1			2	3		2					
		2			3			1	3	2	
1	2	3	4			3					
					5			1	2		
2	4			6		5	4				1
										3	2
2		1	3				5	4			3
	2			3		4				2	

Minesweeper (428)

				3			1				
1			3			5				3	2
1		3			6			2		2	
		2			5	4					1
	4				4			5	2		
				6						4	
2		5				3			4		
1		5		4							
	2			5		5		3		1	
	2		4			4			3		
	2	2		7		4			3		
1							1			2	

Solution on Page (116)

Puzzle (417)

0	0	1	0	0	1	1	0	1	1
0	0	1	0	1	1	0	0	1	1
1	1	0	1	0	0	1	1	0	0
0	0	1	1	0	1	0	1	0	1
0	1	0	1	0	0	1	0	1	1
1	0	1	0	1	1	0	1	0	0
1	1	0	1	1	0	0	1	0	0
0	0	1	1	0	0	1	0	1	1
1	1	0	0	1	1	0	1	0	0
1	1	0	1	0	0	1	0	1	0

Puzzle (418)

0	0	1	0	0	1	1	0	1	1
0	0	1	0	1	1	0	1	0	1
1	1	0	1	0	0	1	1	0	0
0	0	1	1	0	1	0	1	0	1
0	1	0	1	1	0	0	1	0	1
1	0	1	0	0	1	0	1	0	0
1	1	0	1	1	0	0	1	0	0
1	1	0	0	1	1	0	1	0	1
1	1	0	1	0	0	1	0	1	0
1	1	0	1	0	0	1	1	0	0

Puzzle (419)

0	0	1	0	0	1	1	0	1	1
0	0	1	1	0	0	1	0	1	1
1	1	0	1	1	0	1	1	0	0
0	0	1	1	1	0	1	1	1	0
1	0	0	1	0	0	0	0	1	1
0	1	1	0	0	1	1	0	0	1
1	1	0	1	1	0	0	1	0	0
1	0	0	1	0	0	1	1	0	1
1	1	0	1	1	0	0	0	0	1
1	1	0	1	0	0	1	0	0	0

Puzzle (420)

0	0	1	0	0	1	1	0	1	1
0	0	1	0	1	0	1	1	0	1
1	1	0	1	0	1	0	0	1	0
0	0	1	0	1	0	1	0	1	1
0	1	0	1	0	1	0	1	0	1
1	1	0	0	1	1	0	0	1	0
1	0	1	1	0	0	1	1	0	0
0	0	1	0	1	1	0	0	1	1
1	1	0	1	0	0	1	1	0	0
1	1	0	1	1	0	0	1	0	0

Minesweeper (429)

	3		3	1			1		2	1
2					4			5		
2			3				3			2
	3			3	2			3		3	
						2				
1			4	3					2	
	5					3		3		2
	6			3	2		2	1		
3										1
		5			4		4		3		1
2	2			2				3		3	
	1		1		3		3				1

Minesweeper (430)

2		3			2	2			1	
2			1				3			2
			4					4		2
		2			2			2		
1			3			1				1
		2		2	3		1			2
	2		2					3		2
1		1			3		3		4	
	2		2			1		3		1
1				3					1	
	3				1			2		
	1		2			1	3			1

Minesweeper (431)

	2	2		2	2		3		1		
	4		4		3			4			2
1					5	5					1
	3			4			4				
		3			4		4	2			
2		2		2		2		2			1
1			2		1		2			2	
		2				3					1
		2		2				1		2	
2		2	3		5		2			3	
				3		3		2			3
1	2		2					2			

Minesweeper (432)

			1	2				3		3	1
2		2				2		1	4		1
3			1								
		3			1					2	
	3			1		3			4	2		1
		4				2		3				1
	4					3		3			3
	4		3			3	3				
2		1							5	4	
		2			3		2	3			2
	3			1		2				3	2
		1					1				1

Solution on Page (117)

Logic Puzzles for Adults & Seniors

Minesweeper (433)

		1	1		2		1		2
2		2		4		4		4	2
	2		4						2
1		3			7			3	
		3				3	3		
1		3		5					1
2		4		6		4		2	3
	2					2			2
2	4	4		4	3		2	4	
								3	
			2	1			3		3
2	4		3		1		2		2

Minesweeper (434)

				2		1	2	4		3	
3			2								3
2		2		2			4		6		
	2		2			3		5			4
3			2			3			6		
		1			3			4			
			1			3				3	3
	1		2		3			2			
2		2				2		2			
3		3				2			3		
4		5		6		5			4		2
		4				4					2

Minesweeper (435)

	2			1			2		
2			2		2		2	2	1
	2					2	3	2	1
2		2	2		5				1
				2		3		2	
			3			2		2	
1	1		1				2		
			3		4	4		2	
1		1					4		1
	2		1	2		3		5	
			2			5			2
1	2	2			1			2	

Minesweeper (436)

1	1	2			2			2	
2		3		2	4		1		2
	4		2				2		1
3				2		3			1
		2	2			3		3	1
2	3	3			3				1
	2		3				3	2	2
	1		3		3				1
1						2		3	
1		2		3			3		
2	3	2		4	2	3		5	
				3				3	1

Solution on Page (118)

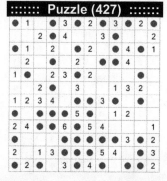

Logic Puzzles for Adults & Seniors

Minesweeper (437)

	2	1	1	1	1	2		2	3		3
2	4		2	2		4	2	3			
	3		3	3		3		3	4	5	
1	3	4		4	2	2	2		2		2
2	4				2	2	2	3	3	2	1
			5	5		3		2		2	1
3	4	2	2			3	1	3	2	3	
	2	1	2	3	3	3	1	2		3	2
1	2		2	2		2		2	2	3	
1	2	1	2		2	3	3	4	3		2
	2	1	3	2	2	1				3	2
1	2		2		1	1	2	3	2	2	

Minesweeper (438)

	2	1		2			1	1			
2			2			2			4	5	4
					2						
		2	2		2		2		5		4
1			2			2			5		
	3	3			3			4	5		
2		2					3				1
	4	3			1		1				2
		1	2			1		3			
	4		2						6		
3	5			3		3		4			
2			2	1		1				1	

Minesweeper (439)

	3			1	2		2		
		2				3			4
2			1		3		4		4
2				2					
	2	1	2		1			4	3
2		2		2	3		3		
			4		1				3
	4	6				1		2	
	3			5		2	2		
		4		3			2		
3	3	3		3			4		
	1		2	2		2			1

Minesweeper (440)

1			2	3		2		2	
	4	3			3				3
	3			5			3		2
	3	3			3			3	
2		3	5			1	2		
3		2			5				3
1	2	1						2	
1			3	2					1
	1		2		1				
	3		2				2		
2	2	2	4		3		3	2	2
	1	2				2			

Solution on Page (119)

Minesweeper (441)

	2		3		4		3		2	
3	4			5				4	3	2
		5								1
	5			3		1		2		1
2					2	3			2	1
	3				2					
		2	3				2	1		
	5			2	2				4	4
2			4		2					
				4			4			2
1							2		2	
	1	1			2	3				

Minesweeper (442)

	2			3			2	2		2
2			2			5				4
2		2		3		4	3	2	3	
	5	3					2			3
			5		4		3		2	1
					5				4	
	4		6				3			
3		4		4		1			6	
			3		3					4
2		5		4					4	2
1				3	3		2		2	
	2	3		2						1

Minesweeper (443)

	2			3				1		1
2		4		3			4			3
			2		2		2		3	
		2				1		4		
	1			4	2					1
2		2				4			4	
1		2	3		5		4		3	
				2				3		
		1	2			2			4	1
	4			3		1		4		3
2	4					2	2			1
		3	3		2		2			2

Minesweeper (444)

		2	3		2	1	1	2			1
	4		4		4	3		5	4	4	2
2	4	3	6		4					2	
	3			5	5				3	3	2
1	4		8			4			3	2	2
1	3				4		2	2	2		3
2		4	4	3	3	1	2	2		3	
2		3	2		1	1	2			2	1
1	2		3	2	1	1		3	2	1	1
1	2	2		1	1	2	4			2	2
	2	2	3	2	2			3		2	3
1	2		2		2	1	2	1	1	2	

Solution on Page (120)

Logic Puzzles for Adults & Seniors

Minesweeper (445)

			1		2		2	2
2		4		3		1	2	
	2		1		2	1		4
		2		3			1	2
1		2		3		2		2
1		2					1	1
				2		2		2
		2	2			1			1
4	4			3		3	2	3	2
			1	2			2		
3		3	2	3		5		4	
	2			2		2			4	2

Minesweeper (446)

		2		1		2		3	
	2	1		2		2		3	
1		2			2		3		3
						2		4	
2	4		3		2				1
		2			3				1
2	3		2			3		1		1
		3		3			4			1
			3					5		4
	2			2		3			
2	2	3			1			4	2		2
	1				1				2	

Minesweeper (447)

	1		1			1		2	
1		1		3		2		3	3		1
			2				3		3	
	1	2			3					
2			3					4		
		2		1		4			4	3
2				2	3		4		3	
	3		5				3		4	3
2					5			4		
				5		3				1
	4	3	3			3		4		3	
2		2						1		

Minesweeper (448)

	3			1	3		3			2	
1	3		3					3			3
								4			2
			1	1		5	6				
	3	2								4	
2		3			3						1
2			4	4	3	1		2			1
		3					2				1
	3		4					4			2
		1			2					2	
2	2		2			3	4	5			2
		2								3	

Solution on Page (121)

Logic Puzzles for Adults & Seniors

Minesweeper (449)

	1		2		2			1	
2	2		2				2	2	1
				1		1		2	
1		2		2		2		2	
	1		1	3				2	2
1			2			5			1
		2		5		4		2	1
	2				4		3		
		1		3		4		3	
		1			3			3	3
1		2	4			2	3		1
	1		2				1		1

Minesweeper (450)

1	1	1	2		3		1	1	1
	1	1		5		3	1	2	2
2	2	1	3		3	2	1	3	4
	2	2	4		3	2		4	
3		3			2	2		3	4	5
	3		3	3	2	2	1	2	
1	2	2	2		2	1	2	3	3
1	1	1		3	2	3		3	1
	3	3	3	4		2	2	4	3
	3			2	2	2	3	2	1
3	4		5	4	2	1	3	3	
1		3			1	1	2	2	2

Minesweeper (451)

	3			3		4	3		
	4		4	4				3	2
2	3		2		5	6		2	
	3			3					2
1				4			3		
	2		2			2		3	2
			4		5		2		
2		2			5		4		1
	3		3	4	5		3	2	
2			2				2		1
	4		3		5	5		3	
			3		2			2	

Minesweeper (452)

								2	
2		1			2		4		2
	2		2		1		3		
1		2		2		4		5	2
2			2		2				3
		3		3	5		3		2
3	3	1		4					
		3				6	4		1
	6		2	3				2	1
	4	3			2	4			1
		2		2			2	2	
2		2							1

Solution on Page (122)

Logic Puzzles for Adults & Seniors

Minesweeper (453)

	2	1	2	2		2	1	2		2	1
2	4		4		5	4		2	2		2
		3		4			3	2	2	4	
2	4	3	3	2	5		4	2		3	
3			4	3	4			4	2	4	2
					6		4		2		
3	4	4			4		5	4	4	2	
	2	2	5		4	2	2				1
2	3		4		3	1	2	2	4	4	3
	3	3		4	5		4	3	3		
2	3		4							6	4
	2	1	3		5		5				

Minesweeper (454)

			1		1			3			2
2		2			1					3	3
	1		3			2					4
2		1					1	1			
	2		3		3			2			3
2					1	1	2				2
		2	3	2		3		5		2
1		3									2
	2			4	2		3			2	
		2	2			2			3		2
2	2			2				1			1
	1				1		1		2	

Minesweeper (455)

	2			2	4		4		2		
2		1							4		3
						5					
2		2		5		3					
	2	3	3		3	2		3	4		2
					2			3			1
2			2					3			
	1	1		2	2	2		3			2
1								3	3		
	3		3		4	3					1
2		3			6		5				2
2			1				3				

Minesweeper (456)

1	2		2		2	3		3		2	
	2		3	4					2		2
						4			3		
2		3	5		5			2	1		
	3							2		3
3		4			6				2		3
	2		4	5		5					
	4				4		3		1	2	2
		5						2		
2	4		5					2			2
	2		3	3		2			2	3	
	2			2							1

Solution on Page (123)

Logic Puzzles for Adults & Seniors

Minesweeper (457)

	2	4		4		2		1	
1					2				2
	2		4		4			6	3
		3		4			2	2	
	2				4		2		
		3		4			1		1
1								4	
	1			5	2			4	2
							3		1
	2	3		5	4	4		2	
2		4			3		5		2
			4			2			2

Minesweeper (458)

1		2		2		2		2	1
	3	3		3		2		2	1
		3				2			1
			3				2		2
3		2		3		2	1		2
	1				4		2		4
2			2		2				3
2		3		3		5		6	6
				3			5		
							4		4
	2		2				2	4	3
1		2		1	1	1			1

Minesweeper (459)

1	2			3			2		
		2	3		5		2		
			4						3
	3		4		4		6	3	
		1		5		5			
1			2				4		
	3			4		2		1	1
		4		4		2	2		1
3		2		3					2
	3			3		4		3	
2		2				2	2		3
				1	1		2		

Minesweeper (460)

	2			2	2		3		
		1				4	3		1
	1		4	2				2	
		1		2				3	2
					2				2
1	3			4		2	2		
			6			2		1	1
	4			4		4		2	
2		4			2			1	2
	2								3
1		3	5	3	2		1	3	2
1						1			

Solution on Page (124)

Puzzle (449) Puzzle (450) Puzzle (451) Puzzle (452)

Logic Puzzles for Adults & Seniors

Minesweeper (461)

	2		2	2		2		1	2		3
2	4	5		4	3	4	3	2	4		
2				4			3		4		4
	3	4	4		5		4	2	4		2
3	3	2		4	5		3	2		3	2
		4	4			3		3	3		1
3		4			4	4	3	4		3	2
3	4	5		5		4			4		2
			3	4			3	3	4		2
	4	2	2		3	2	1	1		2	1
2	3	1	3	2	3	1	2	2	3	2	1
	2		2		2		2		2		1

Minesweeper (462)

	2						1		1	1
	4		3		4	3			2	
		4		2			1			2
4		4	1		3			2	3	3
4										4
			2				4		4	
	3			5				3		
		2			3		4		5	4
1		1	4		2			3		
	1					2	2			3
2		4	3		2				2	
				1				1		1

Minesweeper (463)

		2		2		2				1
3	5		2		4		3			2
	4		2				1			1
				2		3				
			3		2			2		
3	4			3		3				2
	2		2					1		
		1		3		4	4	3		1
		1						2		
	3			3		4	4			
1			4	3				2	3	2
		3				2	2			

Minesweeper (464)

2	1			3		3		2		
2		4			1			2		
2			2		2		3		4	3
		5		4			3			
				4					1	2
	4	4			3				3	
2				4		4				2
	4		5		6		5	4		
								4		1
	2	2	2	3					1	
1		2				4	2	1		1
			2					1		1

Solution on Page (125)

Logic Puzzles for Adults & Seniors

Minesweeper (465)

			1		2				
1		1			3		2		3	2
	3			2		3			2		
3			2		2			3		2
										2
3	4			3	2			4			2
						5		6		7
		3		4		3		6		
3	5				3		3			
	5			3		3			3
2			4	2	3				5		2
							3			1

Minesweeper (466)

1	2	2	2		2	1	3		5		2
1			3	2	3			4			2
1	3	3	3			3	3		5		3	1
1	2		2	2	3		4			2	2	1
	2	1	2	2		4			3	2	2
2	3	1	3		4		3	4		3	1
	2		4		4	2		3		4	2
1	2	1	3		3	3	2	4	3		
1	2	2	3	4		5		4		4	2
2		2					5			4	1
	5	3	3	3		5	4	4		3	
	3		1	1	2		2			2	2	1

Minesweeper (467)

	1	2				2			
2		2		1	3		3		2
		3							2
1		2			2		3		1
1		3		1					1
2		4		3		1		5	
	4		3		3			1	
		4		3	2				2
	4		2				2		1
		4	4		2		3	2		1
2			2						2
	2		2			3	1	2		

Minesweeper (468)

	2	3		2				1		
			4	3			1		3	2
2	4	4		4				4		
		5			4		3			3
	4					4		5		2
	5		5	3						
		2			4			2		
2		4			1		3		3	2
2			3					1		
	3			3				2		
	4	3				2		3		1
1			3				1		2	

Solution on Page (126)

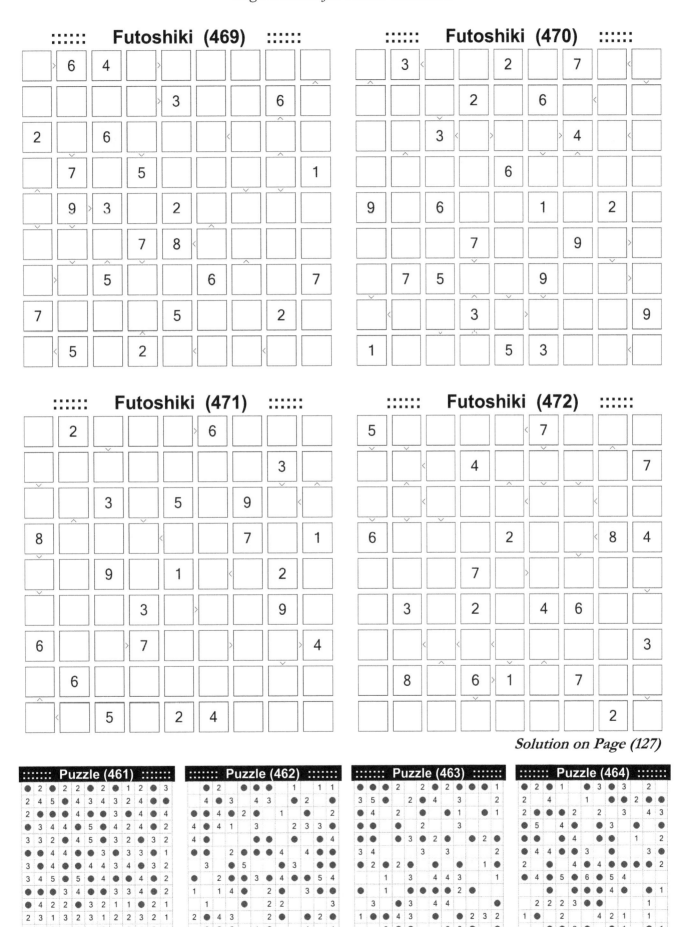

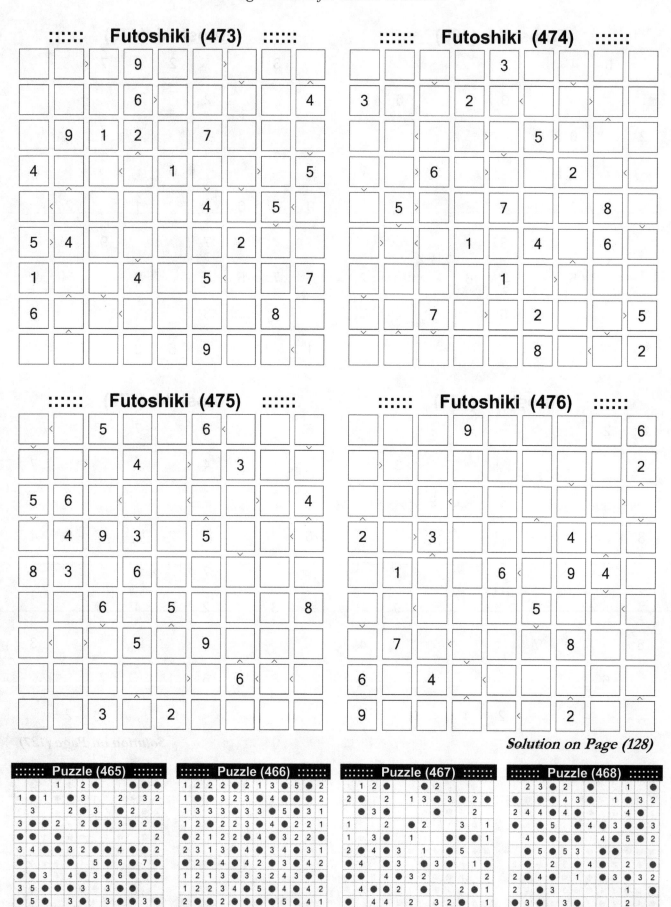

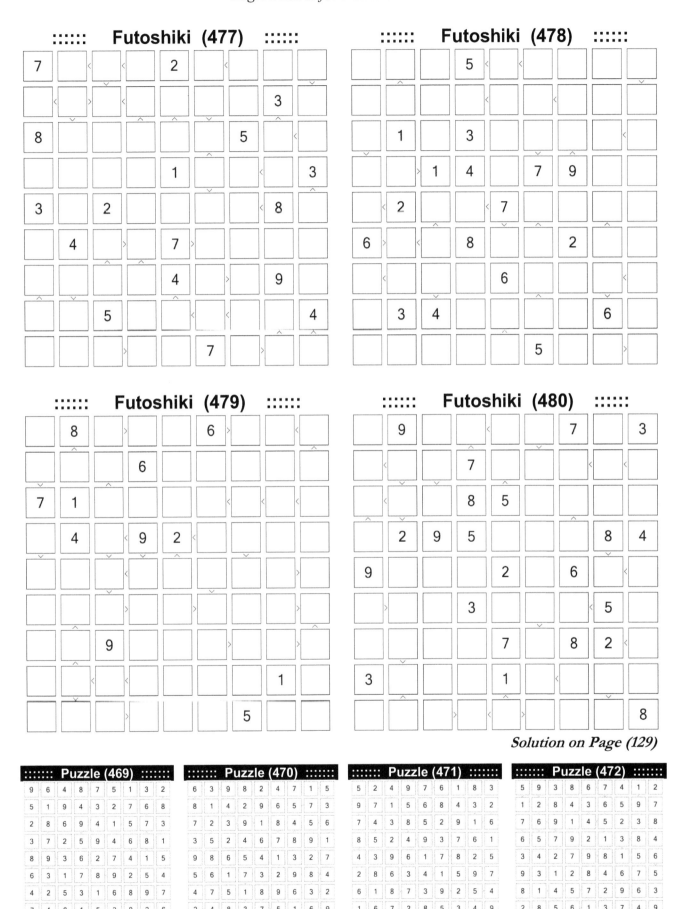

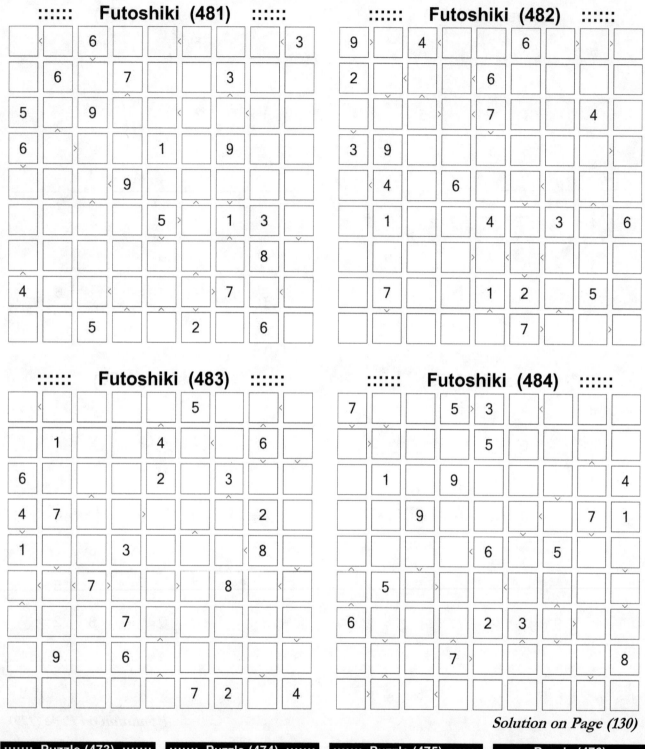

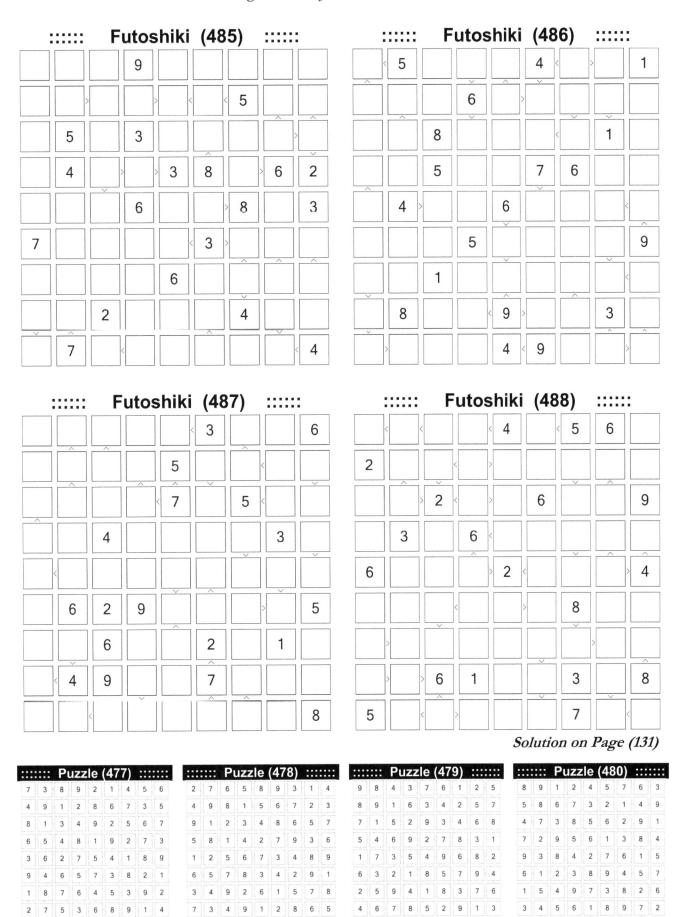

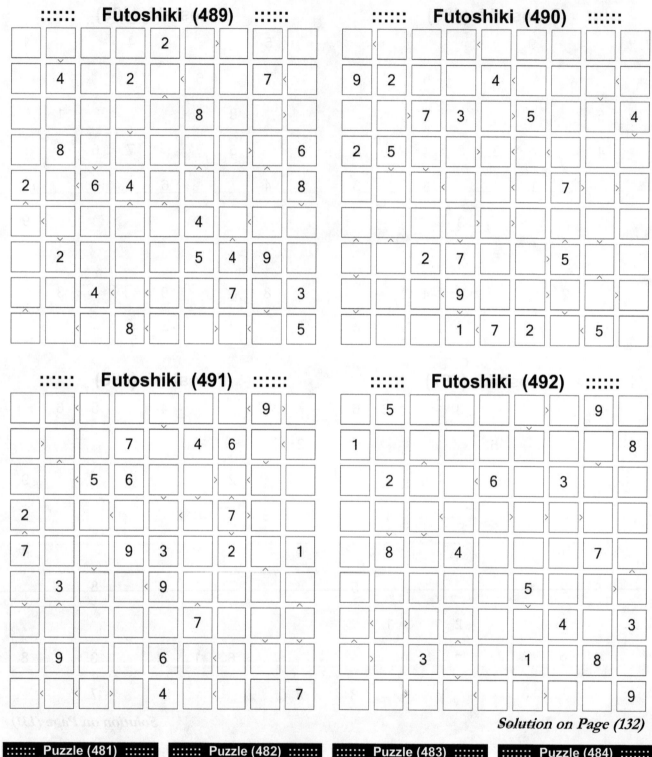

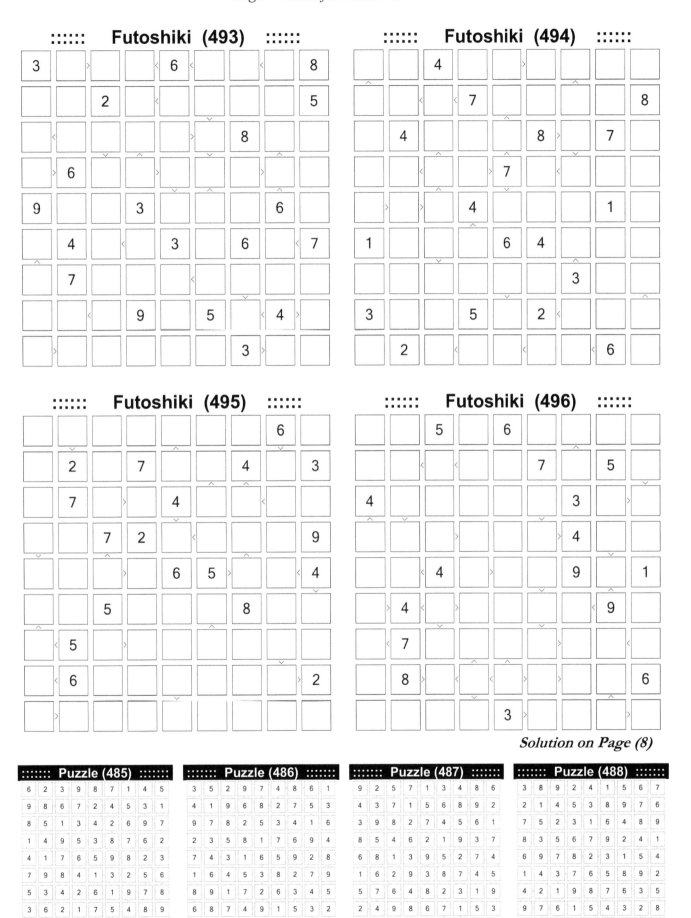

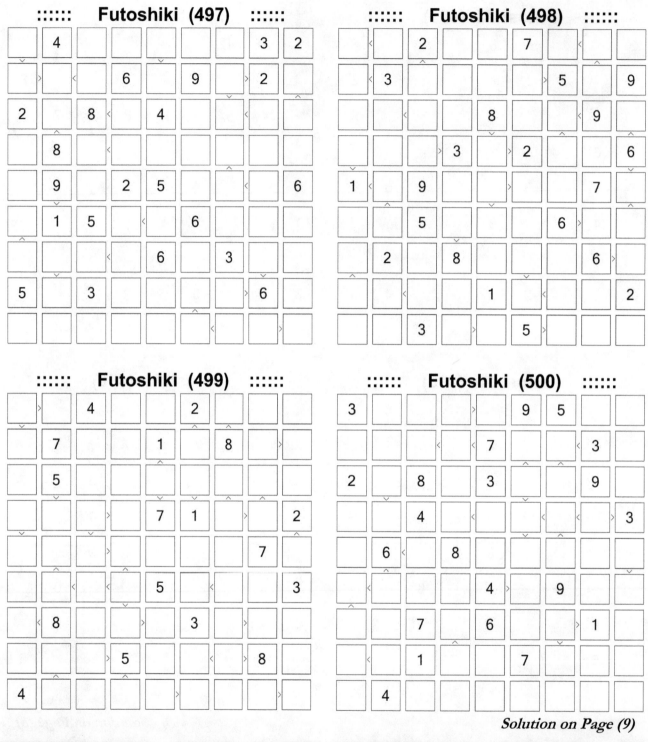

Special Bonus for Sudoku Puzzle Lovers

Please go to the link below to download and print this 1008 Sudoku puzzles and start having fun.

http://www.dr-khalid.com/sudoku.pdf

Special Bonus for Word Search Puzzle Lovers

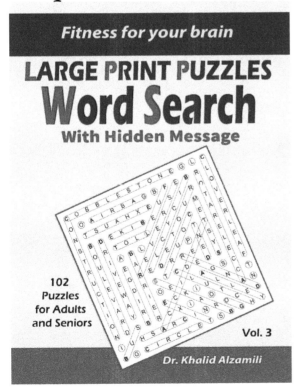

Please go to the link below to download and print this 102 word search puzzles and start having fun.

http://www.dr-khalid.com/bouns.pdf

A Special Request

Your brief Amazon review could really help us.

Thank you for your support

Printed in the USA
CPSIA information can be obtained
at www.ICGtesting.com
LVHW081134201023